高等职业教育（本科）机电类专业系列教材

电路分析基础

主　编　蔡大华
副主编　陈　敏　李　唐　蒋嘉洋
参　编　周　慧　张文婷　王　芳

机械工业出版社

本书主要介绍了电路概述及等效变换方法、电路分析的基本方法及重要定理、单相正弦交流电路的稳态分析、三相正弦交流电路的分析、线性电路过渡过程的暂态分析、互感电路的分析和非正弦周期性电路分析等内容。本书在编写时，突出电路分析方法的应用，每章给出典型电路的仿真及实验测试电路，便于读者学习练习。

本书适合作为应用型本科、职业本科、民办本科的电气类、电子信息类、机电类等专业的电路基础、电工技术课程教材。

为方便教学，本书有电子课件、习题答案、模拟试卷及答案等教学资源，凡选用本书作为授课教材的教师，均可通过电话（010-88379564）或QQ（2314073523）咨询。

图书在版编目（CIP）数据

电路分析基础 / 蔡大华主编 . —北京：机械工业出版社，2022.6
（2024.1 重印）

高等职业教育(本科) 机电类专业系列教材

ISBN 978-7-111-70931-2

Ⅰ.①电…　Ⅱ.①蔡…　Ⅲ.①电路分析-高等职业教育-教材
Ⅳ.①TM133

中国版本图书馆 CIP 数据核字（2022）第 096707 号

机械工业出版社（北京市百万庄大街 22 号　邮政编码 100037）
策划编辑：曲世海　　　　　　责任编辑：曲世海　周海越
责任校对：潘　蕊　贾立萍　封面设计：马精明
责任印制：邹　敏
三河市国英印务有限公司印刷
2024 年 1 月第 1 版第 3 次印刷
184mm×260mm · 10.5 印张 · 257 千字
标准书号：ISBN 978-7-111-70931-2
定价：39.80 元

电话服务　　　　　　　　　网络服务
客服电话：010-88361066　　机 工 官 网：www.cmpbook.com
　　　　　010-88379833　　机 工 官 博：weibo.com/cmp1952
　　　　　010-68326294　　金 书 网：www.golden-book.com
封底无防伪标均为盗版　机工教育服务网：www.cmpedu.com

前　言

高等职业本科教育的任务是培养具有高尚职业道德、适应生产建设第一线需要的高技术应用性专门人才。

"电路分析基础"是电气、电子信息类专业的一门理论性、实践性和应用性很强的技术基础课程。通过本门课程的学习，学生可以掌握电路的基本理论、基本分析方法、电路分析应用，并进行典型电路实验、仿真，为后续课程储备必要的电路理论知识、分析方法及操作技能。

根据"电路分析基础"课程的特点及高等职业教育的任务，为激发学生学习兴趣、提高职业素质，编写本书的指导思想如下：

1）本书内容包括直流电路、单相电路、三相电路、线性电路过渡过程的暂态分析、互感电路、非正弦电路等。电路分析的重点是对基本定律的理解及应用。从直流电阻电路分析入手，有助于学生更快地理解电路的基本规律和电路分析的基本方法；单相和三相电路以典型分析应用为主；暂态电路、互感电路及非正弦电路是对电路分析应用的拓展。通过学习可以掌握电路元器件的选型及识别方法。本书教学需要 56～80 学时。

2）电路内容繁多，而教学时长有限，因此本书在保证介绍基本概念、基本原理和基本分析方法的前提下，力求精选内容，减少了复杂电路变换，以典型电路分析应用为主，并结合实验仿真强化实践技能训练。

3）增强实用性。在编写过程中力图做到理论联系应用，学以致用。淡化公式推导，增加典型例题分析，重在让学生学会典型电路在实际中的应用，掌握基本分析工具和基本分析方法。每章附有典型电路仿真及建议做的实验专项能力测试。本书所有仿真图中的图形符号和文字符号均保留书中所用软件生成的符号。

4）本书力求语言通顺、文字流畅、图文并茂、可读性强，书中习题和例题着重分析和应用，每章有小结和习题，便于学生学习和提高。

5）附录给出 Multisim 软件的介绍及使用方法，便于学生掌握电路仿真技能，还列出了电路元器件型号及命名方法。

本书由蔡大华主编并负责全书的统稿，第 1、3、4、6 和 7 章由蔡大华编写，第 2 章由陈敏编写，第 5 章由李唐、蒋嘉洋编写，周慧、张文婷及王芳参与了编写。

在编写过程中，编者借鉴了有关参考资料。在此，对参考资料的作者以及帮助本书出版的单位和个人一并表示感谢。

由于编者水平有限，书中难免有错误和不妥之处，恳请读者批评和指正。

编　者

目　录

第1章　电路概述及等效分析

学习目标

1）认识并理解电路的组成、基本物理量，能够区分电路中的电源和负载，重点掌握实际方向和参考方向的应用。

2）掌握电路中的电压、电流和电位的关系，进一步理解电压和电位的计算关系。

3）掌握欧姆定律、电路的工作状态以及基尔霍夫定律。

4）掌握电阻的串并联分析及电源的等效变换。

技能要求

1）能够区分电源和负载，具有看图连线的能力。

2）掌握直流电压表、电流表、数字万用表的使用方法。

3）能够掌握电路中测量电压、电位和电流的方法。

1.1　电路的组成及作用

1.1.1　电路的概念

在生产、生活和科研中常会遇到一些实际电路，它们是由电源、导线、开关、负载等电气设备或元器件组合起来，能使电流流通的闭合线路。较复杂电路又称为网络。

电路根据其基本功能可以分为两大类：一类用来实现电能的传输和转换，图1-1a所示为电力系统示意图；另一类用来实现信号的传递和处理，图1-1b所示为扬声器电路示意图。

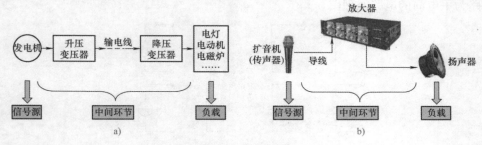

图1-1　电路类型

1

1.1.2 电路组成

不管电路简单还是复杂，电路通常由电源、负载和中间环节组成。图 1-2 所示手电筒电路中的电池、灯泡、开关和导线，则分别属于电源、负载和中间环节。

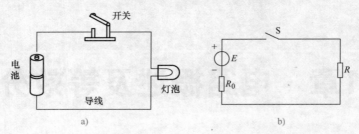

图 1-2　手电筒电路及电路模型

电源是供给电能的设备，其作用是将其他形式的能量转换成电能，如电池、发电机等。

负载是消耗、转换电能的设备，其作用是将电能转换为其他形式的能量，如电灯、电炉、电动机等。

中间环节起控制、连接、保护等作用，如导线、开关、熔断器等。

 小提示

将电源、负载、中间环节称为组成电路的三要素。

1.1.3 电路原理图

实际电路是由一些按需要起不同作用的实际电路元件构成的，如电路中的电池、导线、开关、电灯等，它们的电磁关系较为复杂，为便于分析研究，常在一定条件下，将实际元件理想化，突出其主要电磁性质，忽略其次要因素，将其近似看作理想电路元件。例如图 1-2a 所示的手电筒电路中，小灯泡不但发光而消耗电能，且在其周围还会产生一定的磁场，若只考虑其电能消耗的性质而忽略其磁场，可以将小灯泡看作一个只消耗电能的理想电阻。电池不仅提供一定电压的电能，其内部也有一定的电能损耗，可以用电压源元件与一个内阻串联表示。开关、导线是电路的中间环节，其电阻可以忽略，用一个无电阻的理想导体表示。

电路原理图采用国家规定的图形符号及文字符号绘制而成。图 1-3 所示为常用电路元件的图形及文字符号。任何实际器件都可以用理想电路元件来表示。由理想元件组成的电路称为实际电路的电路模型，又称为电路原理图。本书所研究的电路都是指电路模型。图 1-2b 所示电路为手电筒的电路原理图。

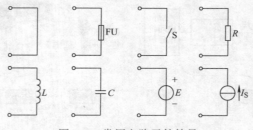

图 1-3　常用电路元件符号

1.2 电路中的主要物理量

电路中的物理量主要包括电流、电压、电位、电动势、功率和电能。

1.2.1 电流及电流的参考方向

在电场力的作用下，电荷（电子、离子等）有规则的定向移动形成了电流。电流的大小等于单位时间内通过导体横截面的电荷量，用 I 或 i 表示。

大小和方向都不随时间变化的电流称为直流电流，简称直流（DC），常用 I 表示，即

$$I = \frac{Q}{t} \tag{1-1}$$

大小和方向随时间做周期性变化的电流称为交流电流，简称交流（AC），常用 i 表示，即

$$i = \frac{\mathrm{d}q}{\mathrm{d}t} \tag{1-2}$$

电流的单位有安［培］（A），还有千安（kA）、毫安（mA）和微安（μA）等。

电流的实际方向习惯上是指正电荷移动的方向。在外电路，电流由正极流向负极；在电源内部，电流则由负极流向正极。电流的方向是客观存在的。在图 1-2 所示的简单电路中，电流的实际方向可根据电源的极性直接确定。而在复杂电路中，电流的实际方向有时难以确定。为便于分析计算，引入电流参考方向的概念。

参考方向也称正方向，是任意假设方向，在电路中用箭头表示。就是在分析计算电路时，先任意选定某一方向，作为待求电流的方向，并根据此方向进行分析计算。当电流参考方向与实际方向一致时，电流为正值；当电流参考方向与实际方向不一致时，电流为负值。因此，在选定参考方向后，根据电流的正负，可以确定电流的实际方向，图 1-4 给出了电流的参考方向（图中实线所示）与实际方向（图中虚线所示）之间的关系。本书电路图上所标出的电流方向都是指参考方向。

👆小提示

1）电路中电流可以用电流表串入电路中进行测量。

2）人体能感知的最小电流为交流 1mA 左右；人体能摆脱触电状态的最大电流为交流 15mA 左右；而 50Hz 的交流电流为 30~50mA 时能致人死亡。

【例 1-1】 如图 1-5 所示，电流的参考方向已标出，并已知 $I_1 = 2A$，$I_2 = -5A$，试指出电流的实际方向。

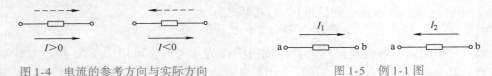

图 1-4 电流的参考方向与实际方向　　　　　　图 1-5 例 1-1 图

解：$I_1 = 2A > 0$，则 I_1 的实际方向与参考方向一致，应由 a 点流向 b 点。

$I_2 = -5A < 0$，则 I_2 的实际方向与参考方向相反，由 a 点流向 b 点。

1.2.2 电压、电位、电动势及电压的参考方向

1. 电压

在电场力作用下，电荷做定向移动，电场力做功，将电能转换为其他形式的能量，如光能、热能、机械能等。电压是用来描述电场力做功的物理量，电路中两点 A、B 间的电压等于电场力将单位正电荷由电路中 A 点移动到 B 点所做的功，即

$$U_{AB} = \frac{W}{Q} \tag{1-3}$$

对于交流电压，则为

$$u_{AB} = \frac{\mathrm{d}w}{\mathrm{d}q} \tag{1-4}$$

电压的单位有伏［特］（V），此外还常用千伏（kV）、毫伏（mV）和微伏（μV）。

电压的实际方向由电位高的点指向电位低的点，即电位降低的方向。

与电流类似，在分析与计算电路时，可任意选定一个电压参考方向，或称为正方向，在电路中可用箭头、双下标或正负极性标出，如图1-6所示。

电压总是针对两点而言的，因此用双下标表示电压的参考方向是由第一个下标指向第二个下标，即由 a 点指向 b 点。电压的参考方向也是任意假定的，当参考方向与实际方向相同时，电压值为正；反之，电压值为负。

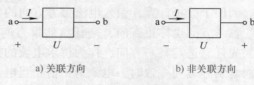

图 1-6 电压的
参考方向表示

在电路分析时，任一电路元件的电流和电压参考方向可以任意选定，但是为了分析方便，常选定同一元件的电流参考方向与电压参考方向一致，称为关联方向，如图 1-7a 所示。若同一元件的电压与电流的参考方向不一致，称为非关联方向，如图 1-7b 所示。

a) 关联方向　　　　b) 非关联方向

图 1-7 电压与电流参考方向的选取

 小提示

1）电路中电压可以用电压表并联在元件两端进行测量。

2）人体的安全电压为交流 36V，在特别危险场所为交流 12V。

2. 电位

在电子电路测试中，经常要测量各点的电位，看其是否符合设计数值。电位是表示电路中各点电位能高低的物理量，其在数值上等于电场力将单位正电荷从该点移到参考点所做的功。电位用 V 表示。对照电位与电压的定义，电路中任意一点的电位，就是该点与参考点之间的电压，而电路中任意两点间的电压，则等于这两点电位之差。若测出电路中任意两点的电位 V_a 和 V_b，则 a、b 两点间的电压 U_{ab} 可以表示为

$$U_{ab} = V_a - V_b \tag{1-5}$$

一般选取电路若干导线连接的公共点或机壳作为参考点，可用"⊥"表示。参考点是零电位点，其他各点电位与参考点比较，比参考点高为正电位，比参考点低为负电位。

电位的单位是伏［特］（V）。

小提示

1）电位具有相对性和单值性。电位的相对性是指电位随参考点选择而异，参考点不同，即使是电路中的同一点，其电位值也不同。电位的单值性是指参考点一经选定，电路中各点的电位即为确定值。

2）电压具有绝对性，与参考点选择无关。即对于不同的参考点，虽然各点的电位不同，但该两点间的电压始终不变，这就是电压的绝对性。

【例1-2】 如图1-8所示电路中，已知 $V_a = 5V$，$V_b = 2V$，求 U_1 及 U_2。

解：$U_1 = V_a - V_b = (5-2)V = 3V$

$U_2 = V_b - V_a = (2-5)V = -3V$

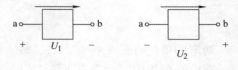

图1-8 例1-2图

【例1-3】 如图1-9所示电路中，已知各元件的电压为 $U_1 = 10V$，$U_2 = 5V$，$U_3 = 4V$，$U_4 = -19V$。若分别选 B 点与 C 点为参考点，试求电路中各点的电位。

解：选 B 点为参考点，则

$V_B = 0$

$V_A = U_{AB} = -U_1 = -10V$

$V_C = U_{CB} = U_2 = 5V$

$V_D = U_{DB} = -U_4 - U_1 = (19-10)V = 9V$

选 C 点为参考点，则

$V_C = 0$

$V_A = U_{AC} = U_4 + U_3 = (-19+4)V = -15V$

$V_B = U_{BC} = -U_2 = -5V$

$V_D = U_{DC} = U_3 = 4V$

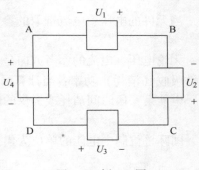

图1-9 例1-3图

可见，电路中同一点的电位随参考点选取不同而不同，但两点间电压是不变的。

3. 电动势

在各类电源内部存在着一种外力，也称电源力，又称非电场力，例如干电池中的化学力、发动机内部的电磁力等。电动势是非电场力如电磁力、化学力等将单位正电荷从电源负极移到正极所做的功，用 E 或 e 表示，即

$$E = \frac{W}{Q} \tag{1-6}$$

对于交流电动势，则为

$$e = \frac{dw}{dq} \tag{1-7}$$

电动势的常用单位也是伏（V）。

电动势的方向规定为由电源负极指向正极。电动势与电压的物理意义不同，电压是衡量电场力做功的能力，而电动势是衡量电源力（电磁力、化学力）做功的能力。电动势与电压的实际方向不同，电动势的方向是从低电位指向高电位，即负极指向正极，而电压的方向则

从高电位指向低电位,即由正极指向负极。此外,电动势只存在于电源的内部。

1.2.3 功率及电能

在电路中,正电荷受电场力作用从高电位移动到低电位,所减少的电能转换为其他形式的能量,被电路吸收。单位时间内电场力或电源力所做的功,称为功率,用 P 或 p 表示,即

$$P = \frac{W}{t} \tag{1-8}$$

对于交流电路,则为

$$p = \frac{\mathrm{d}w}{\mathrm{d}t} \tag{1-9}$$

功率的单位有瓦[特](W),较大的单位有千瓦(kW),较小的单位有毫瓦(mW)。

在电路分析中,功率有正负之分:当一个电路元件上消耗的功率为正值时,表明这个元件是负载,是耗能元件;当一个电路元件上消耗的功率为负值时,表明这个元件起电源作用,是供能元件。因此,给出功率的两种功率计算公式。

当元件的电压、电流选取的参考方向相同时,如图1-7a所示,有

$$P = UI \tag{1-10}$$

当元件的电压、电流选取的参考方向不相同时,如图1-7b所示,有

$$P = -UI \tag{1-11}$$

无论电压、电流的参考方向是关联或非关联参考方向,都有:当计算的功率为正值时,元件吸收(消耗)功率;当计算的功率为负值时,元件发出(提供)功率。

电能是一段时间消耗或提供的电位能量,是电能转化的量度。

$$W = Pt \tag{1-12}$$

国际单位制中电能的单位为焦[耳](J)。

 小提示

电能的大小可以用电度表进行测量。在实际应用中,电能的单位常用千瓦时(kW·h),即功率为1kW的用电设备在1h内所消耗的电能,俗称1度电,即

$$1\mathrm{kW} \cdot \mathrm{h} = 1000\mathrm{W} \times 3600\mathrm{s} = 3.6 \times 10^{6}\mathrm{J}$$

【例1-4】 如图1-10所示,求各元件的功率。

解:图1-10a中电压、电流方向为关联方向,$P = UI = 5 \times (-2)\mathrm{W} = -10\mathrm{W}$,$P < 0$,元件提供10W功率。

图1-10b中电压、电流方向为非关联方向,$P = -UI = -5 \times (-2)\mathrm{W} = 10\mathrm{W}$,$P > 0$,元件吸收10W功率。

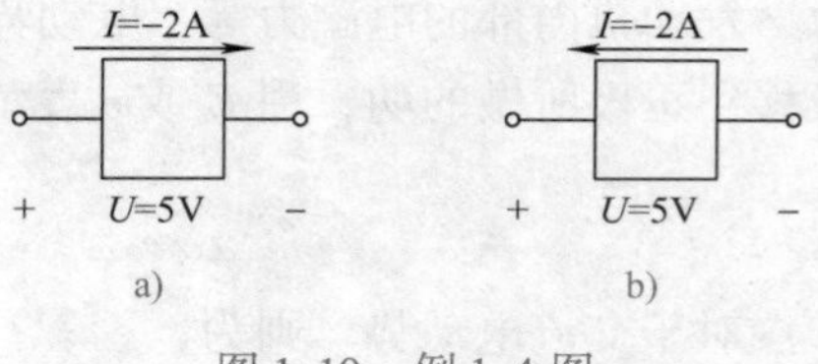

图1-10 例1-4图

1.2.4 电路的工作状态及电气设备的额定值

1. 电路的工作状态

当电源与负载相连接时,根据所连接负载的情况,电路有空载、短路及有载工作3种状态。根据电路连接情况分别讨论电路中的电流、电压及功率情况。

（1）空载状态 空载状态又称断路或开路状态，如图1-11所示，当开关S打开时，电源与负载没有构成闭合路径，电路处于开路状态，开路分故障开路、电路检修开路。电路具有下列特征：

1）电路中的电流为零，即 $I=0$。

2）电源的端电压等于电源的电动势电压 U_S。

3）电源的输出功率和负载吸收的功率均为零。

（2）短路状态 当电源的两个输出端由于某种原因直接相连时，会造成电源被直接短路，它是电路的一个极端运行状态，如图1-12所示。

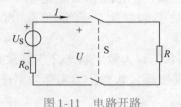

图1-11 电路开路　　　　　　　　　图1-12 电路短路

短路电路具有下列特征：

1）电源中的电流最大，对负载输出的电流为零。

此时电源中的电流为

$$I_{SC} = \frac{U_S}{R_o} \tag{1-13}$$

此电流称为短路电流 I_{SC}。由于电源的内电阻 R_o 很小，故短路电流很大，可将电源烧毁。产生短路的原因往往是由于绝缘损坏或接线错误，为了防止短路事故引起的后果，通常在电路中接入熔断器或自动断路器，以便发生短路时，能迅速将故障电路自动断开。

2）电源和负载的端电压均为零。

3）电源对外输出功率和负载吸收功率均为零，这时电源所发出的功率全部消耗在内阻上。这使电源的温度迅速上升，有可能烧毁电源及其他电气设备，甚至引起火灾。而有时也会因某种需要，将电路中某一部分或某一元件的两端用导体直接连通，这种做法通常称为短接。

（3）有载工作状态 如图1-11所示，当开关S闭合时，电源与负载构成闭合通路，电路便处于有载工作状态。此时电路具有下列特征：

1）电路中的电流由负载决定：

$$I = \frac{U_S}{R_o + R} \tag{1-14}$$

当 U_S、R_o 一定时，电流由负载电阻 R 的大小来决定。

2）电源的端电压为

$$U = U_S - IR_o \tag{1-15}$$

3）电源输出功率为

$$P = U_S I - I^2 R_o \tag{1-16}$$

式（1-16）表明，电源发出的功率 $U_S I$ 减去内阻上的消耗 $I^2 R_o$ 才是供给外电路负载的功率，即电源发出的功率等于电路各部分所消耗的功率。由此可见，整个电路中功率总是平衡的。

2. 电气设备的额定值

在实际电路中，所有电气设备和元器件在工作时都有一定的使用限额，这种限额称为额定值。额定值是制造厂综合考虑产品的安全性、经济性和使用寿命等因素而制定的。额定值是使用者使用电气设备和元器件的依据。电气设备或元器件的额定值常标在铭牌上或写在说明书中，在使用时应充分考虑额定数据，如灯泡的电压为220V、功率为40W都是它的额定值。额定值的项目很多，主要包括额定电流、额定电压和额定功率等，分别用 I_N、U_N 和 P_N 表示。例如，电阻的额定电流和额定电阻为100mA和1000Ω；某电动机的额定电压、额定电流、额定功率和额定频率分别为380V、10A、8kW和50Hz等。

通常，当实际值等于额定值时，电气设备的工作状态称为额定状态（或满载）；当实际功率或电流大于额定值时，电气设备工作在过载（或超载）状态；当实际功率或电流比额定值小很多时，电气设备工作在轻载（或欠载）状态。

金属导线虽然不是电气设备，但通过电流时也要发热，为此也规定了安全载流量。导线截面积越大，安全载流量越高；若明线敷设且散热条件好，安全载流量显然大于穿管敷设的状况。

👆 **小提示**

当环境温度高时，电路工作电流要比额定值小，可以增加散热环节、缩短工作时间，以避免电气设备过热。

【例1-5】 有一220V、60W的电灯，接在220V的电源上，试求通过电灯的电流和电灯电阻。如果每晚用5h，则一个月消耗多少电能？

解：
$$I = \frac{P}{U} = \frac{60}{220}A \approx 0.273A$$

$$R = \frac{U}{I} = \frac{220}{0.273}Ω \approx 806Ω$$

电阻也可用下式计算：

$$R = \frac{P}{I^2} \text{或} R = \frac{U^2}{P}$$

一个月消耗的电能即所做的功为
$$W = Pt = 0.06 \times 5 \times 30 kW \cdot h = 9 kW \cdot h$$

1.3 基尔霍夫定律

基尔霍夫定律包含两条定律，分别称为基尔霍夫电流定律和基尔霍夫电压定律。

1.3.1 几个相关的电路名词

1）支路：一个二端元件或同一电流流过的几个二端元件互相连接起来组成的电路。图1-13中有3条支路，分别是ACE、AB和ADF。

2）节点：电路中3条或3条以上支路的汇集点。图1-13中A、B为两个节点。

3）回路：由若干条支路组成的闭合线路。图 1-13 中有 3 个回路，分别是 CABE、ADFB、CADFBE。

4）网孔：内部不含支路的回路。图 1-13 中 CABEC 和 ADFBA 都是网孔，而 CADFBEC 不是网孔。

图 1-13 基尔霍夫定律分析

1.3.2 基尔霍夫电流定律

基尔霍夫电流定律指出，任一时刻流入电路中任一节点的电流之和等于流出该节点的电流之和。基尔霍夫电流定律简称 KCL，反映了节点处各支路电流之间的关系。

在图 1-13 所示电路中，对于节点 A 可以写出

$$I_1 + I_2 = I_3$$

或写为

$$I_1 + I_2 - I_3 = 0$$

即

$$\sum I = 0 \qquad\qquad (1\text{-}17)$$

由此，KCL 也可表述为：任一时刻，流经电路中任一节点电流的代数和恒等于零。这里讲代数和是因为式(1-17) 中有的电流流入节点，而有的流出节点。在应用 KCL 列电流方程时，如果规定指向节点的电流为正，则背离节点的电流为负。

基尔霍夫电流定律不仅适用于节点，也可推广应用到包围几个节点的闭合面（也称广义节点）。图 1-14 所示的电路中，可以把△ABC 看作广义的节点，用 KCL 可列出

$$I_A + I_B + I_C = 0$$

即

$$\sum I = 0$$

👆 小提示

在任一时刻，流过任一闭合面电流的代数和恒等于零。

【例 1-6】 如图 1-15 所示电路，电流的参考方向已标出。若已知 $I_1 = 4A$，$I_2 = -3A$，$I_3 = -6A$，试求 I_4。

解：根据 KCL 可得

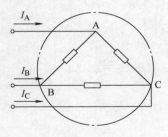

图 1-14 广义节点

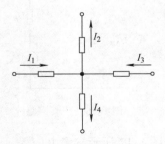

图 1-15 例 1-6 图

$$I_1 - I_2 + I_3 - I_4 = 0$$

$$I_4 = I_1 - I_2 + I_3 = [4 - (-3) + (-6)] A = 1A$$

1.3.3 基尔霍夫电压定律

基尔霍夫电压定律指出：在任一时刻，沿电路中任一闭合回路，各元件电压的代数和恒等于零。基尔霍夫电压定律简称 KVL，反映了回路中各元件端电压之间的关系，其一般表达式为

$$\sum U = 0 \qquad\qquad (1\text{-}18)$$

应用式(1-18)列电压方程时，首先假定回路的绕行方向，然后选择各部分电压的参考方向。凡电压参考方向与回路绕行方向一致的元件，其电压为正；凡参考方向与回路绕行方向相反的元件，其电压为负。

在图 1-13 中，对于回路 CADFBEC，若按顺时针方向绕行，根据 KVL 可得

$$U_1 - U_2 + U_{S2} - U_{S1} = 0$$

根据欧姆定律，上式还可表示为

$$I_1 R_1 - I_2 R_2 + U_{S2} - U_{S1} = 0$$
$$I_1 R_1 - I_2 R_2 = U_{S1} - U_{S2}$$

即

$$\sum IR = \sum U_S \qquad\qquad (1\text{-}19)$$

式(1-19)表示，沿回路绕行方向，各电阻电压降的代数和等于各电源电位升的代数和。

基尔霍夫电压定律不仅应用于回路，也可推广应用于一段不闭合电路（广义回路）。图 1-16 所示电路中，A、B 两端未闭合，若设 A、B 两点之间的电压为 U_{AB}，按逆时针方向绕行，可得

$$U_{AB} - U_S - U_R = 0$$

则

$$U_{AB} = U_S + RI$$

上式表明，开口电路两端的电压等于两端钮之间各段电压降之和。

【例 1-7】 求图 1-17 所示电路中 10Ω 电阻及电流源的端电压。

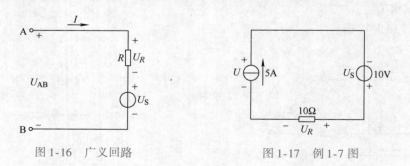

图 1-16　广义回路　　　　　图 1-17　例 1-7 图

解：按图 1-17 所示参考方向得

$$U_R = 5 \times 10 V = 50V$$

按顺时针方向绕行，根据 KVL 得

$$-U_S + U_R - U = 0$$

$$U = -U_S + U_R = (-10 + 50)\,\text{V} = 40\,\text{V}$$

【例1-8】 如图1-18所示，已知 $R_1 = 4\Omega$，$R_2 = 6\Omega$，$U_{S1} = 10\,\text{V}$，$U_{S2} = 20\,\text{V}$，试求 U_{AC}。

解：由 KVL 得

$$IR_1 + U_{S2} + IR_2 - U_{S1} = 0$$

$$I = \frac{U_{S1} - U_{S2}}{R_1 + R_2} = \frac{10 - 20}{4 + 6}\,\text{A} = -1\,\text{A}$$

由 KVL 的推广形式得

$$U_{AC} = IR_1 + U_{S2} = (-1 \times 4 + 20)\,\text{V} = 16\,\text{V}$$

或

$$U_{AC} = U_{S1} - IR_2 = [10 - (-1 \times 6)]\,\text{V} = 16\,\text{V}$$

由例1-8可知，电路中某两点之间的电压和路径无关。因此，计算时应尽量选择较短的路径。

小提示

基尔霍夫定律既适用线性电路，也适合非线性电路。

1.4 线性电阻的连接

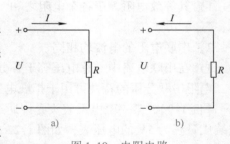

图1-18 例1-8图

1.4.1 线性电阻的串联与并联

1. 电阻元件

理想电阻元件简称电阻元件，是从实际电阻器件抽象的理想模型，如电炉、白炽灯、电烙铁等只消耗电能的元件。

电阻分线性与非线性。线性电阻的阻值为常数，其电压、电流符合欧姆定律，如图1-19所示。

在图1-19a中，电压与电流的参考方向一致，其欧姆定律表达式为

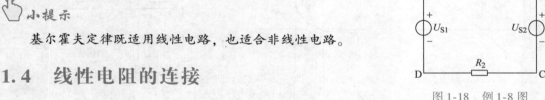

图1-19 电阻电路

$$I = \frac{U}{R} \tag{1-20}$$

在图1-19b中，电压与电流的参考方向相反，其欧姆定律表达式为

$$I = -\frac{U}{R} \tag{1-21}$$

电阻的单位有 Ω、$k\Omega$、$M\Omega$ 等。

小提示

电阻元件阻值可以用万用表测量，设备绝缘电阻可以用兆欧表测量。

2. 电阻的伏安特性

在电气技术中，通常用曲线来反映元件电压与电流的关系，称为伏安（V-A）特性曲线，也称外特性曲线。图 1-20a 为线性电阻的伏安特性曲线，图 1-20b 为非线性电阻的伏安特性曲线。

 小提示

电阻是一个耗能元件，它所消耗的功率为

$$P = UI = I^2 R = \frac{U^2}{R} \tag{1-22}$$

3. 电阻的串联

若电路中有两个或两个以上电阻顺次相连，且电阻中的电流相同，则这种电阻接法称为电阻的串联。图 1-21 给出了两个电阻的串联电路，电阻串联具有以下特征：

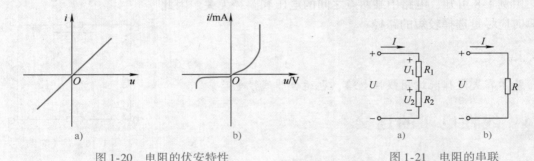

图 1-20 电阻的伏安特性   图 1-21 电阻的串联

1）其等效电阻等于各个电阻之和，即

$$R = R_1 + R_2 \tag{1-23}$$

2）串联电阻的电流均相同。

3）在串联电路中，总电压等于各分电压之和，即 $U = U_1 + U_2$。

电阻串联分压的特性可用于扩展电压表量程、电压取样等。

【例 1-9】 某一磁电系表头允许通过的最大电流为 $100\mu A$，内阻 R_N 为 $1k\Omega$。现要把它改装成量程为 5V 的电压表，如图 1-22 所示，应串联多大的分压电阻？

解：据图 1-22 所示原理电路，量程扩大前，该表头所能承受的最大电压为

$$U_N = R_N I_N = 1 \times 10^3 \times 100 \times 10^{-6}V = 100 \times 10^{-3}V = 0.1V$$

现要用来测量 5V 的电压，分压电阻需要承受的电压为

$$U_R = (5 - 0.1)V = 4.9V$$

根据分压公式可得

$$U_R = \frac{R}{R + R_N}U$$

$$R = 49k\Omega$$

4. 电阻的并联

若电路中有两个或两个以上电阻连接在两个公共节点之间，则这种方法称为电阻的并联。如图 1-23 所示，电阻并联具有下列特征：

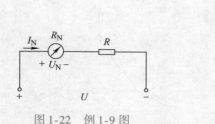

图 1-22　例 1-9 图 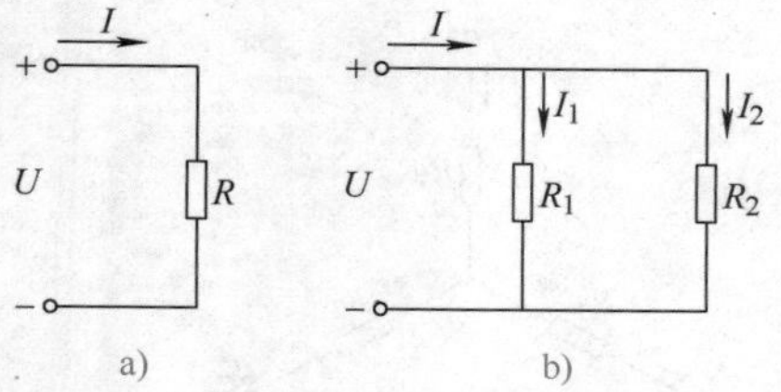　　　　　图 1-23　电阻的并联

1）其等效电阻的倒数等于各个电阻倒数之和，即

$$\frac{1}{R} = \frac{1}{R_1} + \frac{1}{R_2} \tag{1-24}$$

2）电阻并联的特点是并联电阻的电压均相同。

3）并联电路中的总电流等于各支路分电流之和，即 $I = I_1 + I_2$。

【例 1-10】　有一只磁电系微安表，它的最大量程为 $100\mu A$，内阻 R_N 为 $1k\Omega$。如果用该仪表测量 $10mA$ 的电流，如图 1-24 所示，应并联多大的分流电阻？

解：按图 1-24 所示原理电路，设通过分流电阻 R 的电流为 I_R，则

$$I_R = I - I_N = \frac{R_N}{R + R_N} I$$

$$10 - 0.1 = \frac{1000}{R + 1000} \times 10$$

$$R \approx 10.1\Omega$$

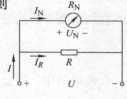

图 1-24　例 1-10 图

5. 电阻的混联

电阻的混联是指电路中既有电阻的串联又有电阻的并联，电阻混联的形式多种多样，可以先对电路整理，再利用电阻串、并联公式逐步化简。

【例 1-11】　如图 1-25 所示，已知 $R_1 = R_6 = 5\Omega$，$R_2 = 3\Omega$，$R_3 = 6\Omega$，$R_4 = R_5 = 8\Omega$，试计算电路中 ab 两端的等效电阻。

解：由 a、b 端向里看，R_2 和 R_3、R_4 和 R_5 均连接在相同的两点之间，因此它们是并联关系，把这 4 个电阻两两并联后，电路中除了 a、b 两点不再有节点，所以它们的等效电阻与 R_1 和 R_6 相串联。

$$R_{ab} = R_1 + R_6 + R_2 /\!/ R_3 + R_4 /\!/ R_5 = 16\Omega$$

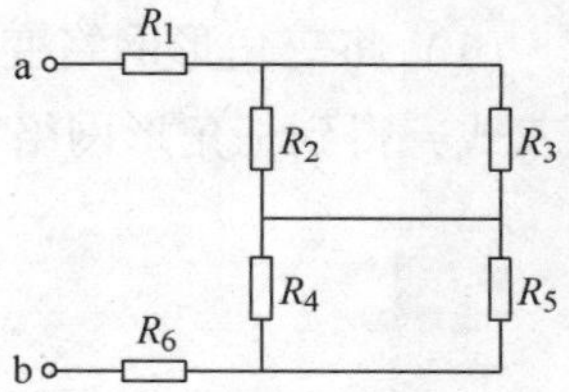

图 1-25　例 1-11 图

1.4.2　线性电阻的星形联结与三角形联结

以上所讨论的电路，都可以用串、并联等效电阻公式逐步化简，称为简单电路。而对于复杂电路，则只能采用网络变换的方法予以化简。所谓网络变换，就是把一种连接形式的电路变换为另一种连接形式，如星形网络与三角形网络的等效互换。

1. 电阻星形网络与三角形网络

如图 1-26a 所示，R_1、R_2、R_3 三个电阻组成一个星形，称之为星形网络。如图 1-26b 所示，R_{12}、R_{23}、R_{31} 三个电阻组成一个三角形，称之为三角形网络。

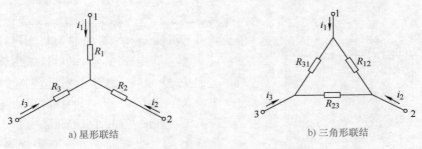

图 1-26　电阻星形及三角形联结

一般情况下，组成星形或三角形网络的 3 个电阻可为任意值。若组成星形网络的 3 个电阻相等，即 $R_1 = R_2 = R_3 = R_Y$，该网络称为对称星形网络；同样，若 $R_{12} = R_{23} = R_{31} = R_\triangle$，则该网络称为对称三角形网络。

2. 电阻星形网络与三角形网络的等效变换

在一定条件下，电阻星形网络和三角形网络可以等效互换，而不影响网络之外未经变换部分的电压、电流和功率。

在两电路中，均悬空第 3 端子，则 1、2 端子之间的阻值为

$$R_1 + R_2 = \frac{R_{12}(R_{23} + R_{31})}{R_{12} + R_{23} + R_{31}} \tag{1-25}$$

在两电路中，均悬空第 2 端子，则 1、3 端子之间的阻值为

$$R_3 + R_1 = \frac{R_{31}(R_{12} + R_{23})}{R_{12} + R_{23} + R_{31}} \tag{1-26}$$

在两电路中，均悬空第 1 端子，则 2、3 端子之间的阻值为

$$R_2 + R_3 = \frac{R_{23}(R_{12} + R_{31})}{R_{12} + R_{23} + R_{31}} \tag{1-27}$$

（1）将三角形网络变换为星形网络　将式（1-25）~式（1-27）相加除以 2，再分别减去这三式，得到三角形网络变换为星形网络的条件为

$$\begin{cases} R_1 = \dfrac{R_{12}R_{31}}{R_{12} + R_{23} + R_{31}} \\[3mm] R_2 = \dfrac{R_{23}R_{12}}{R_{12} + R_{23} + R_{31}} \\[3mm] R_3 = \dfrac{R_{31}R_{23}}{R_{12} + R_{23} + R_{31}} \end{cases} \tag{1-28}$$

$$星形网络中电阻 = \frac{三角形网络中相邻两电阻的乘积}{三角形网络中各电阻之和}$$

若三角形网络的 3 个电阻相等，即 $R_{12} = R_{23} = R_{31} = R_\triangle$ 时，则有 $R_1 = R_2 = R_3 = R_Y$，并有 $R_Y = \frac{1}{3}R_\triangle$。

（2）将星形网络变换为三角形网络　将式（1-28）中 3 个式子两两相乘再相加，再分别

除以这三式中的每一个，就得到星形网络变换为三角形网络的条件为

$$\begin{cases} R_{12} = \dfrac{R_1R_2 + R_2R_3 + R_3R_1}{R_3} \\[3mm] R_{23} = \dfrac{R_1R_2 + R_2R_3 + R_3R_1}{R_1} \\[3mm] R_{31} = \dfrac{R_1R_2 + R_2R_3 + R_3R_1}{R_2} \end{cases} \tag{1-29}$$

$$三角形网络中电阻 = \frac{星形网络中各电阻两乘积之和}{星形网络中的对角端电阻}$$

同理，当 $R_1 = R_2 = R_3 = R_Y$ 时，有 $R_{12} = R_{23} = R_{31} = R_\triangle$，并有 $R_\triangle = 3R_Y$。

【例1-12】　如图1-27所示，求 R_{ab}。

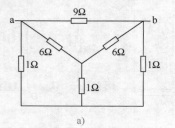 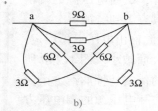

图1-27　例1-12图

解：如图1-27所示，将图1-27a等效变换为图1-27b，则

$$R_{ab} = \frac{1}{\dfrac{1}{9} + \dfrac{1}{3} + \dfrac{1}{4}}\Omega \approx 1.44\Omega$$

 小提示

星形及三角形网络中的电阻等效变换时，尽可能找3个阻值相同的电阻变换。

1.5　电压源和电流源及其等效变换

电源可以用两种不同的电路模型表示：一种是用电压的形式来表示，称为电压源；一种是用电流的形式来表示，称为电流源。电源种类很多，可分为独立源和非独立源。能独立向电路提供电压或电流的电源为独立源，例如干电池、发电机和光电池等。非独立源也叫受控源，它的电压或电流受电路中其他部分的电压或电流的控制，例如变压器和晶体管等。

1.5.1　电压源

1. 理想电压源

理想电压源又称恒压源，是一个二端元件，图1-28a所示为恒压源的电路模型符号。恒压源具有下列特征：

1）恒压源两端的电压为恒定值 U_S，或按一定规律随时间变化的电压 u_s，与流过其中的

电流无关；它的电流由与之相连接的负载决定，其伏安特性如图1-28b所示。

2）恒压源的内阻为零，没有损耗。

2. 实际电压源

在电路中，一个实际电源在提供电能的同时，还要消耗一部分电能。理想电压源实际上是不存在的，因为任何电源都存在内阻。因此，用理想电压源与电阻元件的串联组合来表征实际电压源的性能，如图1-29a中点画线框内所示。图中 R_o 为电压源的内阻，$U_o = IR_o$ 为内阻上的电压降，U 为电压源的端电压。实际电压源具有下列特征：

1）实际电压源输出电压不再恒定，而随负载电流增大而减小。图1-29b所示为实际电压源的伏安特性曲线。由伏安特性曲线可得实际电压源的端电压方程为

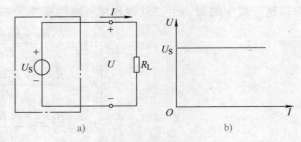

图1-28 恒压源及其伏安特性曲线

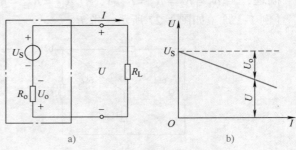

图1-29 实际电压源及其伏安特性曲线

$$U = U_S - U_o = U_S - IR_o \tag{1-30}$$

2）内阻越小伏安特性曲线越平直，输出电压变化越小，电源带负载能力越强。

3）实际电压源两端不能短路。

👆 **小提示**

1）当电源开路时，$I = 0$，$U = U_S = U_{OC}$，称为开路端电压。

2）常用的电压源有干电池、蓄电池和稳压电源等。

1.5.2 电流源

1. 理想电流源

理想电流源又称恒流源，也是一个二端元件，图1-30a所示为恒流源电路符号，点画线框内所示为直流电流源的电路符号，其中 I_S 为其恒定电流，所标方向为电流的参考方向，U 为电流源的端电压。恒流源具有下列特征：

1）恒流源能输出恒定不变的电流 I_S 或按一定规律变化的电流 i_s，而与其端电压无关；它的端电压由与之相连接的负载决定。图1-30b为恒流源的伏安特性曲线。

2）恒流源的内阻为无穷大，输出电压由外电路决定。

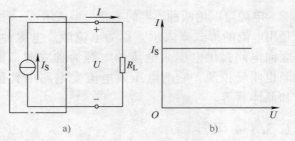

图1-30 恒流源及其伏安特性曲线

2. 实际电流源

实际电流源在提供电能的同时，还要消耗一部分电能，因此可用理想电流源与电阻的并联组合来表征实际电流源，如图 1-31a 点画线框内所示。图中 R_o' 为电流源的内阻，I 为输出电流，I_o 为通过内阻中的电流，U 为端电压。实际电压源具有下列特征：

1）实际电流源输出电流随负载变化而变化，图 1-31b 为实际电流源的伏安特性曲线。由伏安特性曲线可得实际电流源输出电流的方程为

$$I = I_S - I_o = I_S - \frac{U}{R_o'} \tag{1-31}$$

2）内阻越大伏安特性曲线越平直，输出电流变化越小。

3）实际电流源两端不能开路。

小提示

1）实际电流源短路时，输出电流 $I = I_S$。

2）各种光电池就是常见的电流源，如太阳能电池，它是一种把光能转换成电能的半导体器件。

【例 1-13】　如图 1-32 所示，求两电源的功率。

解：$I = 1A$，电压源的功率为 $P_1 = 8 \times 1W = 8W > 0$，电压源吸收功率。

$U = (1 \times 10 + 8)V = 18V$，电流源的功率为 $P_2 = -18 \times 1W = -18W < 0$，电流源产生功率。

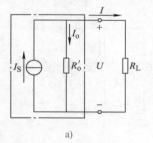
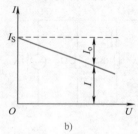

图 1-31　实际电流源及其伏安特性曲线

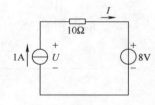

图 1-32　例 1-13 图

1.5.3　两种实际电源模型的等效变换

在保持输出电压 U 和输出电流 I 不变的条件下，一个实际电源既可以用电压源串联电阻的模型表示，又可以用电流源并联电阻的模型表示，二者可以相互等效。

下面讨论它们等效的条件。

对于电压源，由式(1-30) 可得

$$I = \frac{U_S}{R_o} - \frac{U}{R_o} \tag{1-32}$$

为满足等效条件，比较式(1-31)、式(1-32)，两式必须相等，即

$$I_S = \frac{U_S}{R_o} \qquad R_o' = R_o \tag{1-33}$$

或

$$U_S = I_S R_o \qquad R_o' = R_o \tag{1-34}$$

👆*小提示*

1）两个电源等效变换，是对电源外电路等效，对电源内不等效。

2）恒压源与恒流源之间不能等效。

3）变换时两种电路模型的极性必须一致，即电流源流出电流的一端与电压源的正极性端相对应。

【例1-14】 如图1-33a所示，试求其等效电流源电路。

解：由式（1-33）和式（1-34）得

$$I_S = \frac{U_S}{R_S} = \frac{100}{47}A \approx 2.13A$$

其对应的等效电路如图1-33b所示。

【例1-15】 用电源模型等效变换的方法求图1-34a所示电路的电流 I_1 和 I_2。

解：将原电路变换为图1-34c所示电路，由此可得

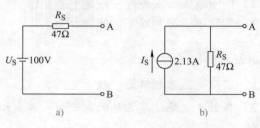

图1-33 例1-14图

$$I_2 = \frac{5}{10+5} \times 3A = 1A$$

$$I_1 = I_2 - 2A = -1A$$

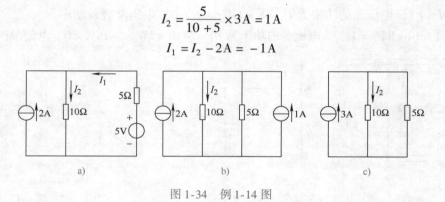

图1-34 例1-14图

1.5.4 受控源及分析

1. 受控源

前面所讨论的电压源或电流源都是独立电源，即电源的参数是一定的。还有一种非独立电源，它们的参数受电路中另一部分电压或电流控制，又称为受控源。例如，他励直流电动机的电动势受励磁电流控制，在晶体管中，其输出电流受输入电流控制。

受控电源与独立电源一样，也具有对外电路输出电能的能力。它有电压源和电流源之分。受控电源的控制量可以是电压，也可以是电流。按受控量与控制量的不同组合，受控源可分为4种类型，即电压控制电压源（VCVS）、电流控制电压源（CCVS）、电压控制电流源（VCCS）、电流控制电流源（CCCS）。仍以直流电流为例，它们的电路模型分别如图1-35所示。图中用菱形符号表示受控源，以与独立源区别，被控制量表达式中的 μ、γ、g 和 β 分别为受控源的控制系数，其中 γ 和 g 分别具有电阻和电导的量纲，称为转移电阻或转移电导，而 μ 和 β 无量纲。

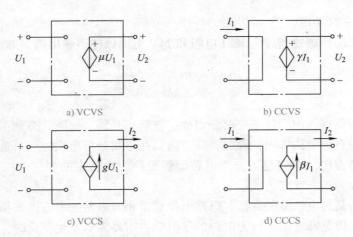

图 1-35　受控源模型

小提示

对于线性受控源，μ、γ、g 和 β 均为常数。

2. 含有受控源的二端口网络分析

由线性电阻和线性受控源组成的二端口电路，当受控源的控制量是该二端口电路内部或端口的电压或电流时，该端口可以等效为一个线性二端电阻，其等效电阻值常用外加独立电压源并列出电路电压电流方程的方法求得。

【例 1-16】　求图 1-36a 所示单口网络的等效电阻。

解：在端口外加独立电压源 u，根据 KVL 和元件的电压、电流关系写出端口电压的表达式为

$$u = \mu u_1 + u_1 = (1+\mu)u_1, \quad u_1 = Ri$$

求得端口的等效电阻为

$$R_0 = \frac{u}{i} = (1+\mu)R$$

上式表明当控制系数 μ 为常数时，该端口可等效为一个线性电阻，如图 1-36b 所示。

【例 1-17】　如图 1-37 所示，求电路的等效电阻。

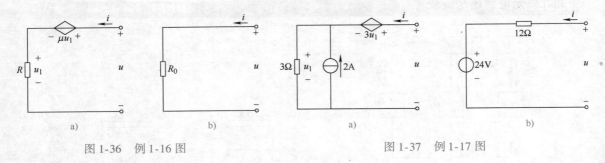

图 1-36　例 1-16 图　　　　　　　　图 1-37　例 1-17 图

解：用外加电源法，求得图 1-37a 端口表达式为

$$u = 4u_1, \quad u_1 = (2+i) \times 3 = 6 + 3i$$

得到 $u = 24 + 12i$

上式对应的二端口等效电路为 12Ω 电阻和 $24V$ 电压源的串联电路，如图 1-37b 所示。

本章小结

电路由电源、负载、中间环节三部分组成。电路有开路、短路、有载工作三种状态。

电流、电压均有规定的方向，称为实际方向。在电路分析应用时，可选定电压、电流的一个方向作为参考方向，它们是为分析电路而假设的。当选定的参考方向与实际方向一致时，计算结果数值为正，反之为负。

电位表示电路某点电位能的高低，电路电位总是相对电路的参考点来描述。在确定参考点后，电路各点电位是确定值，即为电位的单值性；当参考点发生变化时，各点电位也发生变化，即为电位的相对性。电路电压为电位差，某点电位也等于该点到参考点的电压。

基尔霍夫定律是线性及非线性电路、简单及复杂电路的基本定律，是分析电路的依据。因此，它不仅是本章的重点内容，也是分析电路的一个重点，要熟练掌握、正确运用。节点电流定理既适合一般节点电路，也适合广义节点即封闭面。回路电压定理既适合一般回路电压关系，也适合广义回路及不封闭回路电压关系。

电阻是耗能元件，可以串联、并联及混联。电阻串联可以分压且电压与阻值成正比；电阻并联可以分流且电流与阻值成反比；电阻混联要先整理，再用电阻串并联方法分析。复杂电路还有星形及三角形联结，两者可以相互转换。

电源可以分为独立电源及受控电源。独立电源分为电压源、电流源，两种电源在一定条件下可以相互转换。

习　题

1.1　图 1-38 所示电路中，若各电压、电流的参考方向如图所示，并知 $I_1 = 2A$，$I_2 = 1A$，$I_3 = -1A$，$U_1 = 1V$，$U_2 = -3V$，$U_3 = 8V$，$U_4 = -4V$，$U_5 = 7V$，$U_6 = -3V$。试标出各电流的实际方向和各电压的实际极性。

1.2　已知某元件上的电流、电压如图 1-39 所示，试分别求出元件所消耗的功率，并说明此元件是电源还是负载。

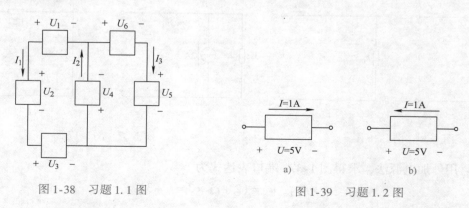

图 1-38　习题 1.1 图　　　　　　　　　　图 1-39　习题 1.2 图

1.3 如图 1-40 所示，已知 $R_1 = R_2 = R_3 = R_4 = 2\Omega$，$U_2 = 2V$，求：

（1）I、U_1、U_3、U_4、U_{AC}。

（2）比较 A、B、C、D、E 各点电位的高低。

1.4 图 1-41 所示电路中，元件 A 消耗功率为 20W，试问电流 I 应为多少？

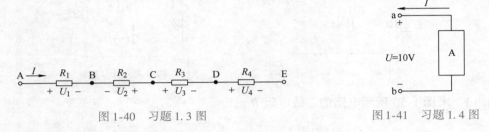

图 1-40 习题 1.3 图   图 1-41 习题 1.4 图

1.5 求图 1-42 所示电路的电流 I。

1.6 图 1-43 所示为某复杂电路的一部分，求未知电压 U_1、U_2。

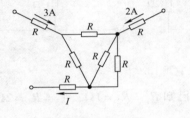
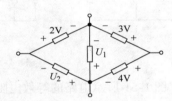

图 1-42 习题 1.5 图   图 1-43 习题 1.6 图

1.7 欲使图 1-44 所示电路中的电流 $I = 1A$，U_S 应为多少？

1.8 求图 1-45 所示各支路中的未知量。

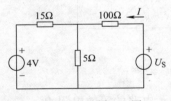
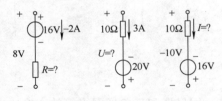

图 1-44 习题 1.7 图   图 1-45 习题 1.8 图

1.9 求图 1-46 电路中各电源的功率。

1.10 如图 1-47 所示，已知 $I_1 = 1mA$，$I_2 = 2.5mA$，试确定元件 A 的电流 I_3 及其两端的电压 U_3，并说明它是电源还是负载。

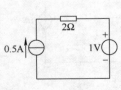
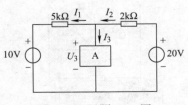

图 1-46 习题 1.9 图   图 1-47 习题 1.10 图

1.11 已知两个电压源并联，如图1-48所示，试求其等效电压源的电动势和内阻。

1.12 求图1-49所示电路中的I、U。

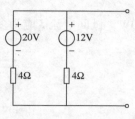

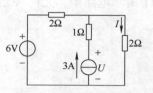

图1-48 习题1.11图　　　图1-49 习题1.12图

1.13 求图1-50所示电路的等效电阻R_{ab}。

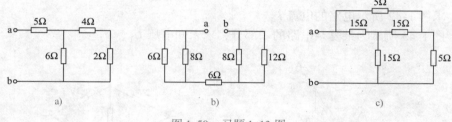

图1-50 习题1.13图

1.14 求图1-51所示电路的等效电阻R_{ab}。已知$R_1 = R_2 = 1\Omega$，$R_3 = R_4 = 2\Omega$，$R_5 = 4\Omega$。

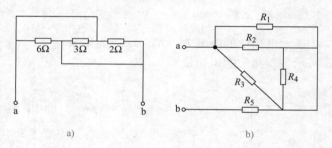

图1-51 习题1.14图

1.15 用星形和三角形网络等效变换法求图1-52所示电路的等效电阻R_{ab}。

1.16 如图1-53所示，求电路的等效电阻。

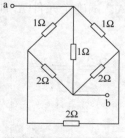

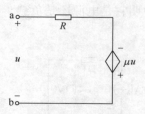

图1-52 习题1.15图　　　图1-53 习题1.16图

电 路 仿 真

该电路由一个电压源，三个电阻串联，如图1-54所示。现测量15Ω、5Ω电阻两端电压及电路的电流。由电路分析可得其两端电压为7.5V、2.5V，电流为0.5A。电路组成及仿真结果和理论分析是一致的。

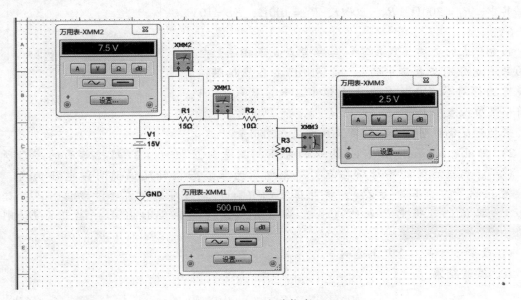

图1-54　电路仿真

技能训练1　直流电路电量的测量

一、实验目的

1）通过实验熟悉本实验所用仪器、仪表的使用方法。

2）学会测量直流电路各点的电位及两端点间的电压，加深对电位的单值性和相对性以及电压绝对性的理解。

3）验证电位与电压之间的关系。

二、原理与说明

直流电路中各点电位的分布情况是分析与计算电路很重要的基本概念之一，在以后分析晶体管电路时或在专业课程中也经常会用到电位的概念。

电路中电位参考点（即电位为零的点）一经选定，则各点的电位只有一个固定的数值，这便是电位的单值性。如果把电路中某点（例如参考点）的电位升高（或降低）同一数值，则此电路中其他各点的电位也相应地升高（或降低）同一数值，这就是电位的相对性。而任意两点间的电压仍然不变，电压与参考点的选择无关，这便是电压的绝对性。

三、使用的仪器设备

直流稳压源　　　　　　　　1台

直流毫安表　　　　　1 块

直流电压表　　　　　1 块

直流电路实验　　　　1 块

四、实验内容及步骤

1）按图 1-55 所示电路接线，测量 a、b、c、d、e 各点的电位。

其中，$R_1 = 300\Omega$，$R_2 = 200\Omega$，$R_3 = 100\Omega$，$E_1 = 10V$，$E_2 = 6V$。

将电压表的负端（黑表笔）与参考点 a 点相连，电压表的另一端分别与电路中的 a、b、c、d、e 各点接触，这样便可测得对参考点 a 的各点电位 V_a、V_b、V_c、V_d、V_e，并将结果填入表 1-1 中。

若指针反偏说明该电位为负，应调换表笔测量。

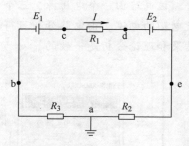

图 1-55　直流电路电位、
电压测试图

2）测 ab、bc、cd、de、ea 两端的电压，测量时应把（+）端接前面的字母所在点，（-）端接后面的字母所在点，所测电压为正。若指针反偏说明该电压为负，应调换笔表测量。例如测量 U_{ab}，将电压表的（+）端接 a 点，（-）端接 b 点，读出的 U_{ab} 为正值；若将电压表的（-）端接 a 点，（+）端接 b 点，读出的 U_{ab} 则为负值。

3）改变参考点，重复上述测量。

五、实验结果

表 1-1　直流电路电位、电压测试表　　　　　　　　　　（单位：V）

参考点		测量结果										
		V_a	V_b	V_c	V_d	V_e	U_{ab}	U_{bc}	U_{cd}	U_{de}	U_{ea}	E_1	E_2
a 点	理论值												
	测量值												
c 点	理论值												
	测量值												

六、实验报告

1）根据实验测得的数据证实电位的单值性、相对性及电压的绝对性。

2）分析误差存在的原因（允许在 5% 以内）。

3）有能力的同学可自行设计电路、参数和表格。

第2章 电路的分析方法

📊 学习目标

1）掌握支路电流法、节点电压法、网孔电流法分析电路。
2）掌握叠加原理、戴维南及诺顿定理的分析及应用。
3）掌握电路获得最大功率的条件。

📊 技能要求

1）采用戴维南定理等效电路进行测试分析。
2）掌握电路获得最大功率的条件的测试分析。

2.1 支路电流法

支路电流法是以各支路电流为未知量，利用基尔霍夫定律列出方程并联立求解的方法，是基尔霍夫定律的典型应用。

应用支路电流法分析电路时，可按以下步骤进行：

1）标出各支路电流。
2）确定电路节点，根据 KCL 列出独立节点的电流方程。
3）确定电路回路，选取网孔及其网孔电压的绕行方向，根据 KVL 列出网孔的电压方程。
4）联立以上方程，求解各支路电流。

【例 2-1】 电路如图 2-1 所示，用支路电流法求图中两台直流发电机并联电路中的负载电流 I 及每台发电机的输出电流 I_1 和 I_2。已知 $R_1 = 1\Omega$，$R_2 = 0.6\Omega$，$R = 24\Omega$，$E_1 = 130V$，$E_2 = 117V$。

解：（1）选定各支路电流，如图 2-1 所示。

（2）根据 KCL 列出独立节点的电流方程。

$$I_1 + I_2 = I$$

（3）按顺时针绕行方向，根据 KVL 列网孔电压方程。

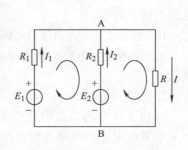

图 2-1 例 2-1 图

$$R_1 I_1 - R_2 I_2 + E_2 - E_1 = 0$$
$$I_1 - 0.6 I_2 + 13 = 0$$
$$R_2 I_2 + R I - E_2 = 0$$
$$0.6 I_2 + 24R - 117 = 0$$

联立求解以上方程得

$$I_1 = 10\text{A}, \ I_2 = -5\text{A}, \ I_3 = 5\text{A}$$

 小提示

支路电流法适合电路支路数不超过 3 个的电路, 否则分析过程较烦琐。

【例 2-2】 如图 2-2 所示, 已知 $R_1 = R_2 = 10\Omega$, $U_{S1} = 4\text{V}$, $U_{S2} = 2\text{V}$, $I_S = 1\text{A}$, 试用支路电流法求相应支路电流及各电源功率。

解: 对节点 1 列 KCL 方程:

$$I_1 + I_S = I_2$$

对网孔列 KVL 方程:

$$R_1 I_1 + U - U_{S1} = 0$$
$$R_2 I_2 + U_{S2} - U = 0$$

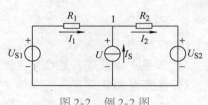

图 2-2 例 2-2 图

解方程组得

$$I_1 = -0.4\text{A}, \ I_2 = 0.6\text{A}, \ U = 8\text{V}$$

电压源 U_{S1} 的功率为

$$P_1 = -U_{S1} I_1 = -4 \times (-0.4)\text{W} = 1.6\text{W}$$

电压源 U_{S2} 的功率为

$$P_2 = U_{S2} I_2 = 2 \times 0.6\text{W} = 1.2\text{W}$$

电流源 I_S 的功率为

$$P_3 = -U I_S = -8 \times 1\text{W} = -8\text{W}$$

2.2 节点电压法

1. 节点电压

任意选择电路中某一节点作为参考节点, 其余节点与此参考节点间的电压分别为对应节点的电压, 节点电压的参考极性均以所对应节点为正极性端, 以参考节点为负极性端。如图 2-3 所示电路, 选节点 4 为参考节点, 则其余 3 个节点电压分别为 U_{n1}、U_{n2}、U_{n3}。节点电压有两个特点:

1) 独立性: 节点电压自动满足 KVL, 而且相互独立。

2) 完备性: 电路中所有支路电压都可以用节点电压表示。

2. 节点电压法分析

以独立节点的节点电压作为独立变量, 根据 KCL 列出关于节点电压的电路方程, 然后进行求解。

建立方程的过程如图 2-3 所示。

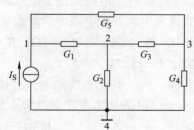

图 2-3 节点电压法

第一步，选取适当参考点。

第二步，根据 KCL 列出关于节点电压的电路方程。

$$节点 1：G_1(U_{n1} - U_{n2}) + G_5(U_{n1} - U_{n3}) - I_S = 0$$

$$节点 2：-G_1(U_{n1} - U_{n2}) + G_2 U_{n2} + G_3(U_{n2} - U_{n3}) = 0$$

$$节点 3：-G_3(U_{n2} - U_{n3}) + G_4 U_{n3} - G_5(U_{n1} - U_{n3}) = 0$$

第三步，具有 3 个独立节点的电路的节点电压方程的一般形式为

$$
\begin{bmatrix} G_{11} & G_{12} & G_{13} \\ G_{21} & G_{22} & G_{23} \\ G_{31} & G_{32} & G_{33} \end{bmatrix}
\begin{bmatrix} U_{n1} \\ U_{n2} \\ U_{n3} \end{bmatrix}
=
\begin{bmatrix} I_{S11} \\ I_{S22} \\ I_{S33} \end{bmatrix}
\tag{2-1}
$$

式中，$G_{ij}(i=j)$ 称为自电导，为连接到第 i 个节点各支路电导之和，值恒为正；$G_{ij}(i \neq j)$ 称为互电导，为连接于节点 i 与 j 之间支路上的电导之和，值恒为负；I_{Sii} 为流入第 i 个节点的各支路电流源电流值代数和，流入取正值，流出取负值，如果与节点相连的支路由实际电压源构成，此电流为将电压源变为电流源时对应的电流。

3. 含受控源时的节点电压法

如图 2-4 所示，含有受控源的电路可按下列步骤列写对应表达式：

第一步，选取参考节点。

第二步，先将受控源作独立电源处理，利用直接观察法列方程。

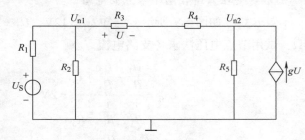

图 2-4　含受控源电路

$$\left(\frac{1}{R_1} + \frac{1}{R_2} + \frac{1}{R_3 + R_4} \right) U_{n1} - \frac{1}{R_3 + R_4} U_{n2} = \frac{U_S}{R_1}$$

$$-\frac{1}{R_3 + R_4} U_{n1} + \left(\frac{1}{R_3 + R_4} + \frac{1}{R_5} \right) U_{n2} = gU$$

第三步，再将控制量用未知量表示：$U = \dfrac{U_{n1} - U_{n2}}{R_3 + R_4} R_3$

第四步，整理求解。

$$-\left(\frac{gR_3 + 1}{R_3 + R_4} \right) U_{n1} + \left(\frac{gR_3 + 1}{R_3 + R_4} + \frac{1}{R_5} \right) U_{n2} = 0$$

注意：$G_{12} \neq G_{21}$。

4. 含电流源串联电阻时的节点法（见图 2-5）

$$\left(\frac{1}{R_1} + \frac{1}{R_2} \right) U_n = \frac{U_S}{R_1} + I_S$$

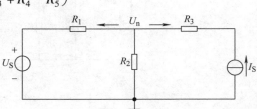

图 2-5　含电流源串联电阻的电路

与电流源串联的电阻不出现在自导或互导中。

5. 弥尔曼定理

如图 2-6 所示，电路有一明显特点——只有两个节点 a 和 b。节点间的电压 U 称为节点电压，在图中设其正方向为由 a 指向 b。通过如下推导可得出节点电压的计算公式。

$$I_1 = \frac{U_{S1} - U}{R_1}, \quad I_2 = \frac{U_{S2} - U}{R_2}, \quad I_3 = \frac{U - U_{S3}}{R_3}, \quad I_4 = \frac{U}{R_4}$$

对于节点 a 应用 KCL，可得 $I_1 + I_2 - I_3 - I_4 = 0$

进而有 $\dfrac{U_{S1} - U}{R_1} + \dfrac{U_{S2} - U}{R_2} - \dfrac{U - U_{S3}}{R_3} - \dfrac{U}{R_4} = 0$

展开整理后，即得到节点电压的公式为

$$U = \frac{\dfrac{U_{S1}}{R_1} + \dfrac{U_{S2}}{R_2} + \dfrac{U_{S3}}{R_3}}{\dfrac{1}{R_1} + \dfrac{1}{R_2} + \dfrac{1}{R_3} + \dfrac{1}{R_4}} = \frac{\sum \dfrac{U_S}{R}}{\sum \dfrac{1}{R}} \qquad (2\text{-}2)$$

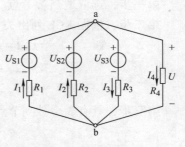

图 2-6 两个节点电路

 小提示

弥尔曼定理只适合两个节点的电路。

【例 2-3】 如图 2-7 所示，已知 $U_1 = 12\text{V}$，$U_2 = 20\text{V}$，$I_S = 2\text{A}$，$R_1 = 4\Omega$，$R_2 = 5\Omega$，$R_3 = 20\Omega$，试用节点电压法求各支路电流。

解：

$$U_{10} = \frac{\dfrac{U_1}{R_1} - \dfrac{U_2}{R_2} + I_S}{\dfrac{1}{R_1} + \dfrac{1}{R_2} + \dfrac{1}{R_3}} = 2\text{V}$$

$$I_1 = \frac{U_{10} - U_1}{R_1} = -2.5\text{A}$$

$$I_2 = \frac{U_{10} + U_2}{R_2} = 4.4\text{A}$$

$$I_3 = \frac{-U_{10}}{R_3} = -0.1\text{A}$$

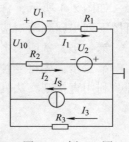

图 2-7 例 2-3 图

【例 2-4】 如图 2-8 所示，已知 $I_{S1} = 9\text{A}$，$R_1 = 5\Omega$，$R_2 = 20\Omega$，$R_3 = 2\Omega$，$R_4 = 42\Omega$，$R_5 = 3\Omega$，试求各支路电流。

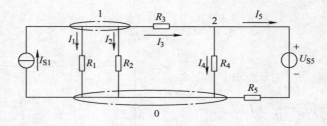

图 2-8 例 2-4 图

解：（1）选节点 0 为参考节点，其余两个节点的电压分别是 U_{10}、U_{20}。

（2）列出该电路的节点电压方程。

$$\left(\frac{1}{R_1} + \frac{1}{R_2} + \frac{1}{R_3}\right)U_{10} - \frac{1}{R_3}U_{20} = I_{S1}$$

$$-\frac{1}{R_3}U_{10} + \left(\frac{1}{R_3} + \frac{1}{R_4} + \frac{1}{R_5}\right)U_{20} = \frac{1}{R_5}U_{S5}$$

代入数据得

$$\frac{3}{4}U_{10} - \frac{1}{2}U_{20} = 9$$

$$-\frac{1}{2}U_{10} + \frac{6}{7}U_{20} = 16$$

求得

$$U_{10} = 40\text{V}$$

$$U_{20} = 42\text{V}$$

各支路电流为

$$I_1 = \frac{U_{10}}{R_1} = \frac{40}{5}\text{A} = 8\text{A}$$

$$I_2 = \frac{U_{10}}{R_2} = \frac{40}{20}\text{A} = 2\text{A}$$

$$I_3 = \frac{U_{10} - U_{20}}{R_3} = \frac{40 - 42}{2}\text{A} = -1\text{A}$$

$$I_4 = \frac{U_{20}}{R_4} = \frac{42}{42}\text{A} = 1\text{A}$$

$$I_5 = \frac{U_{20} - U_{S5}}{R_5} = \frac{42 - 48}{3}\text{A} = -2\text{A}$$

2.3 网孔电流法

1. 网孔电流

网孔电流是一组假想的、在电路中每个网孔流动的电流。图 2-9 所示电路有 3 个网孔，可以假设 3 个环流 i_{m1}、i_{m2} 及 i_{m3}，设环流的流向都是顺时针方向，一旦求出各网孔电流，根据图中已标出各个支路电流的参考方向，就能找出各个支路电流与网孔电流的关系，各支路电流等于该支路各网孔电流的合成，从而确定各个支路电流。

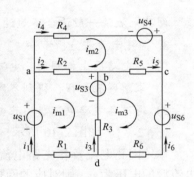

图 2-9 网孔电流法

2. 网孔方程

以网孔电流为变量建立的电路方程，称为网孔方程，从方程中解出网孔电流，再确定各支路电流，这样的分析方法称为网孔电流法。该方法适合网孔少、支路多的电路，分析较简单。下面介绍列写网孔方程的方法。

图 2-9 中 3 个网孔的 KVL 方程分别为

$$\begin{cases} R_1 i_1 + R_2 i_2 - R_3 i_3 = u_{S1} - u_{S3} \\ -R_2 i_2 + R_4 i_4 - R_5 i_5 = u_{S4} \\ R_3 i_3 + R_5 i_5 - R_6 i_6 = u_{S3} - u_{S6} \end{cases} \quad (2\text{-}3)$$

观察电路，各支路电流与网孔电流的关系为

$$\begin{cases} i_1 = i_{m1}, i_2 = i_{m1} - i_{m2}, i_3 = i_{m3} - i_{m1} \\ i_4 = i_{m2}, i_5 = -i_{m2} + i_{m3}, i_6 = -i_{m3} \end{cases} \quad (2\text{-}4)$$

将式(2-4)代入式(2-3)，整理得

$$\begin{cases} (R_1 + R_2 + R_3)i_{m1} - R_2 i_{m2} - R_3 i_{m3} = u_{S1} - u_{S3} \\ -R_2 i_{m1} + (R_2 + R_4 + R_5)i_{m2} - R_5 i_{m3} = u_{S4} \\ -R_3 i_{m1} - R_5 i_{m2} + (R_3 + R_5 + R_6)i_{m3} = u_{S3} - u_{S6} \end{cases} \quad (2\text{-}5)$$

式(2-5)是以网孔电流为变量的网孔方程，写成一般形式为

$$\begin{cases} R_{11}i_{m1} + R_{12}i_{m2} + R_{13}i_{m3} = u_{S11} \\ R_{21}i_{m1} + R_{22}i_{m2} + R_{23}i_{m3} = u_{S22} \\ R_{31}i_{m1} + R_{32}i_{m2} + R_{33}i_{m3} = u_{S33} \end{cases} \quad (2\text{-}6)$$

其中，R_{11}、R_{22}、R_{33}称为网孔自电阻，即相应网孔内全部电阻之和，如网孔 1 包含电阻 R_1、R_2、R_3，则 $R_{11} = R_1 + R_2 + R_3$。R_{12}、R_{21}、R_{23}、R_{32}、R_{13}、R_{31} 即电阻下标不同的电阻，称为对应两个网孔的公共电阻，即互电阻。当网孔电流在公共电阻上方向相同时，互电阻取正值，反之取负值。当电路不含受控源时，互电阻 $R_{12} = R_{21}$，$R_{23} = R_{32}$，$R_{13} = R_{31}$，即 $R_{jk} = R_{kj}$。u_{S11}、u_{S22}、u_{S33} 分别为相应网孔中全部电压源电压升的代数和；网孔绕行方向由"－"极到"+"极的电压源取正号，反之取负号，如 $u_{S11} = u_{S1} - u_{S3}$。

 小提示

网孔电流法一般适合不超过 3 个网孔的电路分析。

3. 网孔电流法分析步骤

1）在电路图上标明网孔电流及其参考方向，观察电路，列出网孔方程。

2）求解网孔方程，得到各网孔电流。

3）通过各支路电流与网孔电流的关系，求出各支路电流。

【例 2-5】 如图 2-10 所示，用网孔电流法求各支路电流。

解：网孔电流及各支路电流如图 2-10 所示。设电流源的电压为 u，则对应的网孔方程为

$$i_{m1} = 5 - u$$
$$2i_{m2} = -10 + u$$
$$i_{m1} - i_{m2} = 7$$

求解以上方程得

$$i_{m1} = 3\text{A}, \quad i_{m2} = -4\text{A}, \quad u = 2\text{V}$$
$$i_1 = i_{m1} = 3\text{A}, \quad i_2 = i_{m2} = -4\text{A}$$

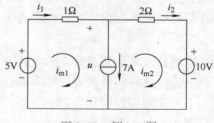

图 2-10 例 2-5 图

在列写含受控源电路的网孔方程时，先将受控源作为独立源处理，然后将受控源的控制变量用网孔电流表示，再经过移项整理即可得到如式(2-6)形式的网孔方程。下面举例说明。

【例 2-6】 如图 2-11 所示，已知 $R_1 = 1\Omega$，$R_2 = 2\Omega$，$R_3 = 3\Omega$，$r = 1\Omega$，$u_S = 5\text{V}$，试用网孔电流法求各支路电流。

解：先将受控源作为独立电源处理，则网孔方程为

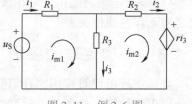

$$(R_1 + R_3)i_{m1} - R_3 i_{m2} = u_S$$
$$- R_3 i_{m1} + (R_2 + R_3)i_{m2} = -ri_3$$

受控源的控制量 i_3 用网孔电流表示，即 $i_3 = i_{m1} - i_{m2}$。

图 2-11 例 2-6 图

整理上面三式得到以下网孔方程：

$$4i_{m1} - 3i_{m2} = 5$$
$$-2i_{m1} + 4i_{m2} = 0$$

解网孔方程得

$$i_{m1} = 2A，i_{m2} = 1A$$
$$i_1 = i_{m1} = 2A，i_2 = i_{m2} = 1A，i_3 = i_{m1} - i_{m2} = 1A$$

2.4 叠加定律

叠加定理是线性电路的一个重要定理，它体现了线性电路的重要性质。叠加定理可使线性电路分析应用更简便、有效。本节着重介绍叠加定理的内容及其应用。

2.4.1 叠加定理的内容

在线性电路中，若有几个独立电源共同作用，则任何一条支路中所产生的电流（或电压）等于各个独立电源单独作用时在该支路中产生的电流（或电压）的代数和。图 2-12a 为 U_S、I_S 共同作用，图 2-12b 为 U_S 单独作用，图 2-12c 为 I_S 单独作用。

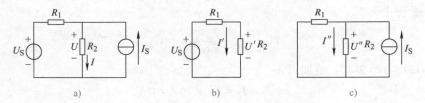

a)   b)   c)

图 2-12 叠加定理电路分析

原电路有两个电源共同作用，可以分为两个电源单独作用的电路，其电路中的电压、电流方向为参考方向，各电压、电流间的关系为

$$U = U' + U'' \tag{2-7}$$
$$I = I' + I'' \tag{2-8}$$

2.4.2 使用叠加定理时的注意事项

1）叠加定理只适用于线性电路。

2）只将电源分别考虑，电路的结构和参数不变。即不作用的电压源的电压为零，在电路图中用短路线代替；不作用的电流源的电流为零，在电路图中用开路代替，但要保留它们的内阻。

3）将各个电源单独作用所产生的电流（或电压）叠加时，必须注意参考方向。当分量的参考方向和总量的参考方向一致时，该分量取正，反之则取负。

4）叠加定理只能用于电压或电流的叠加，不能用来求功率。这是因为功率与电压、电流之间不存在线性关系。

2.4.3 叠加定理的应用

叠加定理可以直接用来计算复杂电路，其优点是可以把一个复杂电路分解为几个简单电路分别进行计算，避免了求解联立方程。

【例2-7】 如图2-13所示，求电路电流I_2。

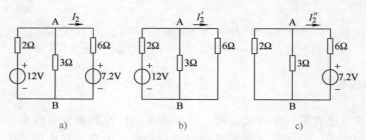

图2-13 例2-7图

解：先求12V电压源单独作用时所产生的电流I_2'。此时将7.2V电压源所在支路处短接，如图2-13b所示。由欧姆定律可得

$$I_2' = \frac{3}{3+6} \times \frac{12}{2+2}A = 1A$$

再求7.2V电压源单独作用时所产生的电流I_2''。此时将12V电压源所在处短接，如图2-13c所示。由分流公式可得

$$I_2'' = -\frac{7.2}{1.2+6}A = -1A$$

将图2-13b与图2-13c叠加可得

$$I = I_2' + I_2'' = (1-1)A = 0A$$

【例2-8】 电路如图2-14a所示，已知$U_{S1} = 24V$，$I_{S2} = 1.5A$，$R_1 = 200\Omega$，$R_2 = 100\Omega$。应用叠加定理计算各支路电流。

解：当电压源单独作用时，电流源不作用，以开路替代，电路如图2-14b所示，则

$$I_1' = I_2' = \frac{U_{S1}}{R_1 + R_2} = \frac{24}{200+100}A = 0.08A$$

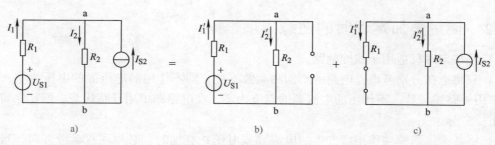

图2-14 例2-8图

当电流源单独作用时，电压源不作用，以短路线替代，如图2-14c所示，则

$$I_1'' = \frac{R_2}{R_1 + R_2}I_{S2} = \frac{100}{200 + 100} \times 1.5A = 0.5A$$

$$I_2'' = \frac{R_1}{R_1 + R_2} = \frac{200}{200 + 100} \times 1.5A = 1A$$

各支路电流为

$$I_1 = I_1' - I_1'' = (0.08 - 0.5)A = -0.42A$$

$$I_2 = I_2' + I_2'' = (0.08 + 1)A = 1.08A$$

叠加定理的推广应用：在线性电路中，当所有电压源和电流源都增大为原来的 k 倍或减小为原来的 $1/k$ 时，电路中的电压和电流也将同样地增大为原来的 k 倍或减小为原来的 $1/k$，又称为齐次定理。

【例2-9】 如图2-15所示，求各支路电流。如果将电压源改为80V，再求各支路电流。

解：该电路为 T 形电阻结构，先设 $I_5' = 1A$，由最右边往左边推算，需要多大电源电压，则有

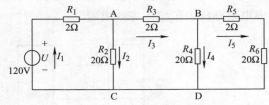

图 2-15 例 2-9 图

$$U_{BD} = (R_5 + R_6)I_5' = 22V \qquad I_4' = \frac{U_{BD}}{R_4} = 1.1A \qquad I_3' = I_4' + I_5' = 2.1A$$

$$U_{AC} = R_3I_3' + U_{BD} = 26.2V \qquad I_2' = \frac{U_{AC}}{R_2} = 1.31A$$

$$I_1' = I_2' + I_3' = 3.41A \qquad U = R_1I_1' + U_{AC} = 33.02V$$

若给定电压为120V，这相当于将电压增大为原来的 $k = \frac{120}{33.02} = 3.63$ 倍，根据齐次定理，故各支路电流也同样增大为原来的3.63倍，即

$$I_1 = kI_1' = 12.38A, \quad I_2 = kI_2' = 4.76A,$$

$$I_3 = kI_3' = 7.62A, \quad I_4 = kI_4' = 4.00A,$$

$$I_5 = kI_5' = 3.63A$$

若给定电压为80V，则相当于将电压增大为原来的 $k = \frac{80}{33.02} = 2.42$ 倍，故各支路电流也同样增大为原来的2.42倍，即

$$I_1 = kI_1' = 8.25A, \quad I_2 = kI_2' = 3.17A,$$

$$I_3 = kI_3' = 5.08A, \quad I_4 = kI_4' = 2.66A,$$

$$I_5 = kI_5' = 2.42A$$

👆小提示

只有当全部独立电压源和电流源同时增大为原来的 k 倍或减小为原来的 $1/k$ 时，齐次定理才适用。

2.5 戴维南定理及诺顿定理

2.5.1 戴维南定理的内容

只有两个端点与其他电路相连接的网络称为二端网络，若该二端网络含有独立电源及线性电阻，则称为线性有源二端网络。

任何线性有源二端网络都可以用一个电压源与电阻的串联模型来替代。电压源的电压等于该有源二端网络的开路电压 U_{OC}，其电阻则等于该有源二端网络中所有电压源短路、电流源开路后的等效电阻 R_{eq}。

戴维南定理可用图 2-16 所示框图表示。图中电压源串联电阻的支路称戴维南等效电路，所串电阻则称为戴维南等效内阻。

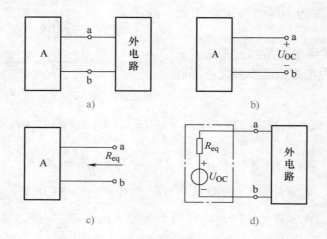

图 2-16 戴维南定理分析

2.5.2 戴维南定理应用的步骤

1）确定线性有源二端网络。可将待求元件从图中暂时去掉，形成有源二端网络。

2）求二端网络的开路电压。

3）求二端网络变为无源二端网络的等效电阻。

4）画出戴维南等效电路图，如图 2-17 所示，并求解结果。

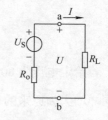

图 2-17 戴维南定理
等效电路

 小提示

当求较复杂电路中某个元件的电压或电流时，采用戴维南定理比较简单。

2.5.3 戴维南定理的应用

应用一：将复杂的有源二端网络化为最简形式。

【例2-10】　用戴维南定理化简图2-18a所示电路。

解：（1）求开路端电压 U_{OC}。在图2-18a所示电路中

$$(3+6)I + 9 - 18 = 0$$

$$I = 1A$$

$$U_{OC} = U_{ab} = 6I + 9 = (6 \times 1 + 9)V = 15V$$

或

$$U_{OC} = U_{ab} = -3I + 18 = (-3 \times 1 + 18)V = 15V$$

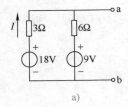 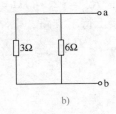 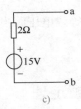

图2-18　例2-10图

（2）求等效电阻 R_{eq}。将电路中的电压源短路，得无源二端网络，如图2-18b所示，可得

$$R_{eq} = R_{ab} = \frac{3 \times 6}{3+6} = 2\Omega$$

（3）做等效电压源模型。作图时，应注意使等效电源电压的极性与原二端网络开路端电压的极性一致，电路如图2-18c所示。

应用二：计算电路中某一支路的电压或电流。

当计算复杂电路中某一支路的电压或电流时，采用戴维南定理比较方便。

【例2-11】　用戴维南定理计算图2-19a所示电路中电阻 R_L 上的电流。

解：（1）把电路分为待求支路和有源二端网络两个部分。移开待求支路，得有源二端网络，如图2-19b所示。

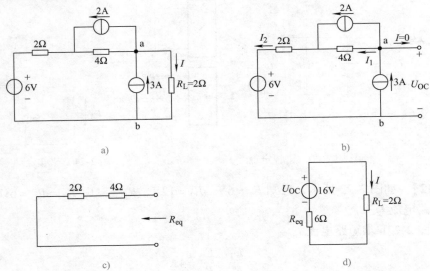

图2-19　例2-11图

（2）求有源二端网络的开路端电压 U_{OC}。因为此时 $I = 0$，由图 2-19b 可得

$$I_1 = (3 - 2)A = 1A$$

$$I_2 = (2 + 1)A = 3A$$

$$U_{OC} = (1 \times 4 + 3 \times 2 + 6)V = 16V$$

（3）求等效电阻 R_{eq}。将有源二端网络中的电压源短路、电流源开路，可得无源二端网络，如图 2-19c 所示，则

$$R_{eq} = (2 + 4)\Omega = 6\Omega$$

（4）画出等效电压源模型，接上待求支路，电路如图 2-19d 所示。所求电流为

$$I = \frac{U_{OC}}{R_{eq} + R_L} = \frac{16}{6 + 2}A = 2A$$

2.5.4 诺顿定理

1. 诺顿定理的内容

诺顿定理：含独立电源的线性电阻、受控源二端网络，可以等效为一个电流源和电阻并联，如图 2-20a 所示。电流源的电流等于该二端网络 N 端口短路时的端口短路电流 I_{SC}；电阻 R_0 是该二端网络内全部独立电源为零时所得无源二端网络 N_0 的等效电阻，如图 2-20b 所示。

2. 诺顿定理应用的步骤

1）确定线性有源二端网络。可将待求元件从图中暂去掉，形成有源二端网络。
2）求二端网络的端口短路电流。
3）求二端网络变为无源二端网络的等效电阻。
4）画出诺顿定理等效电路图，如图 2-21 所示，并求解结果。

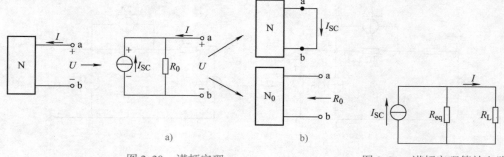

图 2-20　诺顿定理　　　　　　　　　图 2-21　诺顿定理等效电路

【**例 2-12**】　如图 2-22 所示，已知 $E_1 = 6V$，$E_2 = 12V$，$R_1 = 3\Omega$，$R_2 = R_L = 6\Omega$，试用诺顿定理求电路电流 I。

解：由图 2-22b 求短路电流 I_{SC}。

$$I_{SC} = \frac{E_1}{R_1} + \frac{E_2}{R_2} = 4A$$

由图 2-22c 求等效电阻 R_{eq}。

$$R_{eq} = R_1 /\!/ R_2 = 2\Omega$$

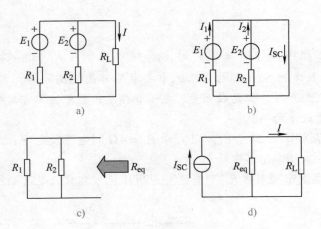

图 2-22　例 2-12 图

由图 2-22d 求电路电流 I。

$$I = \frac{R_{\text{eq}}}{R_{\text{eq}} + R_{\text{L}}} I_{\text{SC}} = \frac{2}{8} \times 4 = 1\text{A}$$

2.6　最大功率传输定理

在电子信号传输、设计测量时常常遇到电阻负载如何从电路获得最大功率的问题，这类问题可应用戴维南定理来分析。将问题抽象为图 2-23a 所示的电路模型。网络 N 表示供给电阻负载能量的含源线性电阻二端网络，根据戴维南定理，它可以用戴维南等效电路来代替，如图 2-23b 所示。电阻 R_{L} 表示获得能量的负载。现要讨论的问题是负载电阻为何值时，可以从二端网络获得最大功率。

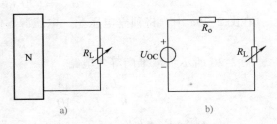

图 2-23　负载最大功率传输定理

若负载 R_{L} 是可变电阻，由图 2-23b 可得

$$I = \frac{U_{\text{OC}}}{R_{\text{o}} + R_{\text{L}}}$$

则 R_{L} 从网络中所获得的功率为

$$P_{\text{L}} = \left(\frac{U_{\text{OC}}}{R_{\text{o}} + R_{\text{L}}}\right)^2 R_{\text{L}} = \frac{U_{\text{OC}}^2 R_{\text{L}}}{(R_{\text{o}} + R_{\text{L}})^2} = \frac{U_{\text{OC}}^2 R_{\text{L}}}{(R_{\text{o}} - R_{\text{L}})^2 + 4 R_{\text{o}} R_{\text{L}}}$$

上式说明：负载从电源中获得的功率取决于负载本身的情况，当负载开路（无穷大电阻）或短路（零电阻）时，功率皆为零。当负载电阻在 $0 \sim \infty$ 之间变化时，负载可获得最大功率。这个功率最大值 P_{Lmax} 应发生在负载电阻等于等效电源的内阻，即 $R_{\text{L}} = R_{\text{o}}$ 时。电路的这种工作状态称为电阻匹配。负载 R_{L} 获得的最大功率为

$$P_{\text{Lmax}} = \frac{U_{\text{OC}}^2}{4 R_{\text{o}}}$$

$$(2\text{-}9)$$

👆小提示

满足最大功率匹配条件（$R_L = R_o$）时，R_o 吸收功率与 R_L 吸收功率相等。对电压源 U_{OC} 而言，功率传输效率为 50%。电力系统中要求尽可能提高效率，以便更充分地利用能源，不能采用功率匹配条件。但是在测量、电子和信息工程中，常常需要从微弱信号中获得最大功率，而不看重效率的高低。

【例 2-13】 电路如图 2-24 所示，（1）求 $R_L = 4\Omega$ 时电流及功率；（2）当 R_L 为何值可以获得最大功率？最大功率是多少？

解：（1）用戴维南定理求解 R_L 上电流，先断开 R_L，如图 2-25a 所示。

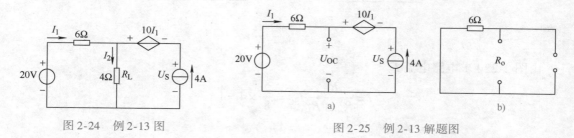

图 2-24　例 2-13 图　　　　　　　图 2-25　例 2-13 解题图

图 2-25a 中开路电压 U_{OC} 为

$$U_{OC} = (20 + 6 \times 4)\text{V} = 44\text{V}$$

在图 2-25a 中，将独立电压源、电流源零值处理，如图 2-25b 所示，端口等效电阻为

$$R_o = 6\Omega$$

图 2-26 所示为戴维南等效电路。

$$I_2 = \frac{U_{OC}}{R_o + R_L} = \frac{44}{10}\text{A} = 4.4\text{A}$$

$$P_L = I_2^2 R_L = 4.4^2 \times 4\text{W} = 77.44\text{W}$$

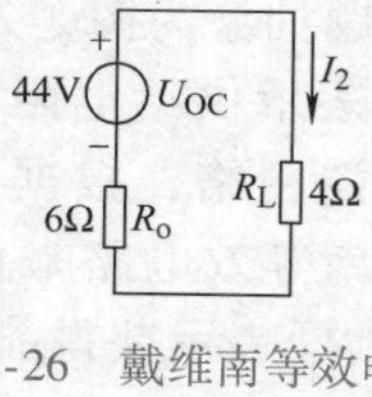

（2）由图 2-26 可知，当 $R_L = R_o = 6\Omega$ 时，R_L 可获得最大功率。

则 $I_2 = \dfrac{U_{OC}}{2R_o} = 3.67\text{A}$，$P_{L\max} = \dfrac{U_{OC}^2}{4R_o} = \dfrac{44^2}{4 \times 6}\text{W} = 80.67\text{W}$

图 2-26　戴维南等效电路

可见，当 $R_L = R_o$ 时，负载获得功率最大。

本章小结

电路分析方法有支路电流法、节点电压法、网孔电流法、叠加定理、戴维南定理及诺顿定理。

支路电流法应用基尔霍夫定律列节点电流及回路电压方程求解，适合支路不多的电路；节点电压法以电路节点电压为变量列写电路节点电流表达式，适合电路支路多但节点少的电路；网孔电流法以假想回路电流为变量，列写回路电压方程。

叠加定理只适合线性电路分析，多个独立电源共同作用产生的电压或电流等于各独立电源单独作用时产生的电压或电流的代数和。叠加定理可以将复杂电路变为较简单电路来分析。当电路所有独立电源都增大为原来的 k 倍或减少为原来的 $1/k$ 时，电路电压和电流都增大为原来的 k 倍或减少为原来的 $1/k$。

戴维南定理用于求解电路中某个元件的电压或电流及功率时较简单。线性有源二端网络可以等效为一个实际电压源，二端网络开路电压为电压源的恒定电压部分，有源二端网络变为无源二端网络对应的等效电阻为电压源的内阻，并画出戴维南等效电路来求解结果。诺顿定理是线性有源二端网络等效为一个实际电流源，端口短路电流为恒流源电流，端口等效电阻为实际电流源内阻，最后画出等效诺顿定理电路来求解结果。

当电路电源参数给定之后，负载获得的最大功率是一定的。分析时，一般将负载以外的部分等效为一个实际电压源，画出戴维南等效电路，当负载等于电源内阻时，负载就获得最大功率，此时电路状态为阻抗匹配，但电路效率只有 50%。一般在供电系统要避免出现，因为效率低，电路消耗大。在电子线路信号传输时，阻抗匹配可以让负载获得最大功率，便于信号显示，驱动负载工作。

习　题

2.1　如图 2-27 所示，已知 $R_1 = 1\Omega$，$R_2 = 2\Omega$，$R_3 = 3\Omega$，$u_{S1} = 10V$，$u_{S2} = 13V$，试用支路电流法求各支路电流。

2.2　如图 2-28 所示，试用网孔分析法求电路的各支路电流。

2.3　用网孔分析法求图 2-29 所示电路的各支路电流。

2.4　用节点电压法求图 2-30 所示电路的各支路电流。

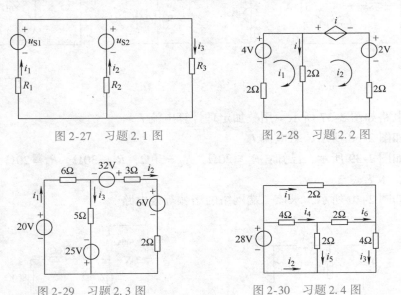

图 2-27　习题 2.1 图　　　　　　图 2-28　习题 2.2 图

图 2-29　习题 2.3 图　　　　　　图 2-30　习题 2.4 图

2.5　用节点电压法求图 2-31 所示电路的节点电压。

2.6　如图 2-32 所示，用叠加定理求电路中的 I、U。

2.7　如图 2-33 所示，试求其戴维南及诺顿定理等效电路。

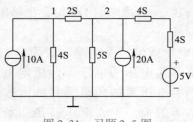

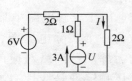

图 2-31　习题 2.5 图　　　　　　　图 2-32　习题 2.6 图

2.8　求图 2-34 所示有源二端网络的戴维南等效电路。

2.9　如图 2-35 所示电路，已知 $R = 10\Omega$，求电压 U。

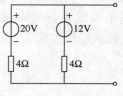

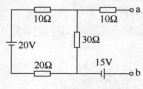

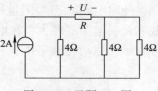

图 2-33　习题 2.7 图　　　图 2-34　习题 2.8 图　　　图 2-35　习题 2.9 图

2.10　如图 2-36 所示，求电路中电流 I 或电压 U。

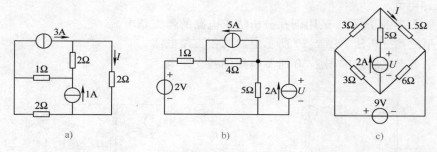

a)　　　　　　　　　　　b)　　　　　　　　　c)

图 2-36　习题 2.10 图

2.11　电路如图 2-37 所示。用叠加定理计算电流 I。

2.12　如图 2-38 所示，求电流 I。

2.13　如图 2-39 所示，已知：$R_1 = 20\Omega$，$R_2 = 30\Omega$，$R_3 = 30\Omega$，$R_4 = 20\Omega$，$U = 10\text{V}$。当 $R_5 = 16\Omega$ 时，求 I_5。

2.14　如图 2-40 所示，求该二端网络的诺顿等效电路。

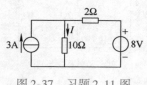

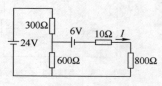

图 2-37　习题 2.11 图　　　　　　图 2-38　习题 2.12 图

2.15　如图 2-41 所示，已知 $R_1 = 3\Omega$，$R_2 = 6\Omega$，$U_S = 18\text{V}$，R_L 可调。求 R_L 为何值时，它吸收的功率最大？计算最大功率。

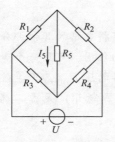

图 2-39　习题 2.13 图

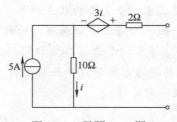

图 2-40　习题 2.14 图

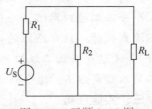

图 2-41　习题 2.15 图

电 路 仿 真

根据戴维南定理，一个含独立电源、线性电阻和受控源的端口，对外电路来说，可以用一个电压源和电阻的串联组合等效置换，此电压源等于端口的开路电压，电阻等于端口内全部独立源置零后的输入电阻。

功率最大化可以推广至可变化的负载 R_L 从含源二端口获得功率的情况。当负载电阻等于端口等效电阻即 $R_L = R_{eq}$ 时，R_L 将获得最大功率 $P_{Lmax} = \dfrac{U_{OC}^2}{4R_{eq}}$。

Multisim 电路仿真如图 2-42 和图 2-43 所示，可以看出，当负载 $R_L = R_{eq} = 9\Omega$ 时，可以得到最大功率 $P_{Lmax} = \dfrac{U_{OC}^2}{4R_{eq}} = \dfrac{28 \times 28}{4 \times 9} W = 21.778 W$。

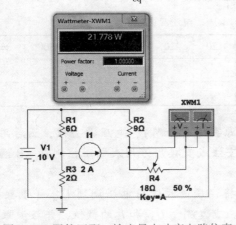

图 2-42　阻抗匹配、输出最大功率电路仿真

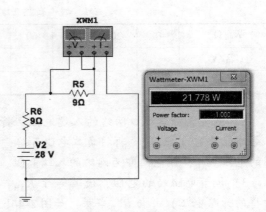

图 2-43　戴维南等效电路仿真

技能训练2　戴维南定理电路测试

一、实验目的

1）测试戴维南定理电路开路电压及等效内阻的测试方法。

2）进一步学习常用直流仪器仪表的使用方法。

二、内容说明

任何一个线性网络，如果只研究其中一个支路的电压和电流，则可将电路的其余部分看作一个含源二端口网络，而任何一个线性含源二端口网络对外部电路的作用，可用一个等效电压源来代替，该电压源的电动势 U_S 等于这个含源二端口网络的开路电压 U_{OC}，其等效内阻 R_o 等于这个含源二端口网络中各电源均为零时（电压源短接，电流源断开）无源二端口网络的入端电阻 R，这个结论就是戴维南定理。

三、实验任务

1）按图2-44a接线，改变负载电阻 R_L，测量 U_{AB} 和 I_R 的数值，特别注意要测出 $R_L = \infty$ 及 $R_L = 0$ 时的电压和电流，填入表2-1。

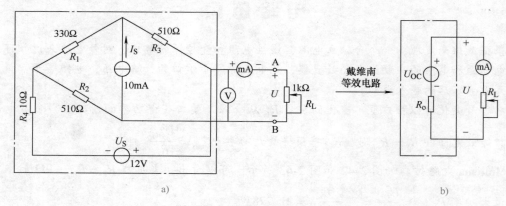

a)　　　　　　　　　　　　　　　　　　　　b)

图2-44　戴维南定理电路测试

表2-1　线性有源二端网络的电压、电流测试

R_L/Ω	0	20	40	60	80	120	220	400	600	800	∞
U_{AB}/V											
I_R/mA											

2）测量无源二端口网络的入端电阻。将电流源去掉（开路），电压源去掉，然后用一根导线代替它（短路），再将负载电阻开路，用伏安法或直接用万用表电阻挡测量AB两点间的电阻 R_{AB}，该电阻即为网络的入端电阻。

3）调节电阻箱的电阻，使其等于 R_{AB}，然后将稳压电源输出电压调到 U_{OC}（步骤1）所得的开路电压）并与 R_{AB} 串联，如图2-44b所示，重复测量 U_{AB} 和 I_R 的数值，并与步骤1）所测得的数值进行比较，验证戴维南定理的等效性。

四、实验报告

1）根据实验测得的 U_{AB} 及 I_R 数据，分别绘出曲线，验证它们的等效性，并分析误差产生的原因。

2）根据步骤1）所测得的开路电压 U_{OC} 和短路电流 I_{SC}，计算有源二端网络的等效内阻，与步骤3）中测得的 R_{AB} 进行比较。

第3章　单相正弦交流电路的稳态分析

学习目标

1）了解正弦交流电的特点，理解正弦量的三要素以及相位差的概念。

2）掌握正弦交流电的各种表示方法，即解析式法、波形图法、相量表示法和相量图法及相互间对应转换关系。

3）掌握电阻、电感和电容三个单一元件在交流电路中电压和电流间的关系及元件性质。

4）掌握相量及相量图法分析，会计算较简单的交流电路，如 *RLC* 串联及并联电路。

5）掌握交流电路中有功功率、无功功率、视在功率和功率因数的概念及计算公式，理解提高功率因数的意义，掌握用并联电容提高感性负载功率因数的方法。

6）掌握 *RLC* 串联谐振电路和并联谐振电路的条件和特点，以及谐振电路品质因数的定义及其与谐振电路选频特性的关系。

技能要求

1）能够写出瞬时值的三要素，完成复数几种表示方法间的转换。

2）能够掌握单一元件的交流特性，及 *RLC* 串并联电路的分析计算。

3）能够掌握提高功率因数的方法，掌握功率表的连接方法和读数方法。

4）掌握三表法测参数电路连接方法及数据分析。

交流电具有容易产生、能用变压器改变电压高低、便于输送及使用的特点，因而分析讨论交流电路具有重要的意义。在交流电中，应用最多的是随时间按正弦规律变化的交流电，称为正弦交流电。正弦电流、正弦电压、正弦电动势简称为正弦量。工程中一般所说的交流电，通常指正弦交流电。

本章主要内容有：正弦量的三要素及其相量表示，电路元件上电压和电流的数值及相位关系，用相量法分析正弦交流电路，电路中的功率：有功功率、无功功率、视在功率及功率因数的提高，电路谐振。

3.1　正弦交流电的概念

正弦交流电的大小和方向随时间按正弦规律变化，因此正弦量的描述要比直流量复杂得多。下面以正弦交流电流为例介绍正弦交流电的有关概念。

图 3-1 所示的电流波形为正弦波，可以从 3 个方面来描述正弦量的变化规律。

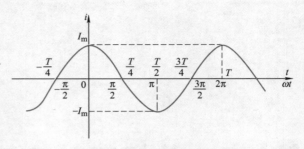

图 3-1　正弦交流电流波形

3.1.1　正弦交流电的三要素

反映正弦量变化快慢的物理量有周期、频率和角频率。

1）周期 T：正弦量交变一个循环所需要的时间，即图 3-1 一个完整正弦波所对应的时间，用 T 表示。它的基本单位是秒（s），常用单位还有毫秒（ms）、微秒（μs）、纳秒（ns）。

周期越长，表示交流电变化越慢；周期越短，则表示交流电变化越快。

2）频率 f：正弦量在单位时间内交变的次数，用 f 表示。它的基本单位是赫兹（Hz），常用单位还有千赫（kHz）、兆赫（MHz）、吉赫（GHz）。

$$1\,GHz = 10^3\,MHz = 10^6\,kHz = 10^9\,Hz$$

周期和频率的关系是

$$f = \frac{1}{T} \tag{3-1}$$

电力系统的交流电频率称为工频。工频分为 50Hz 和 60Hz 两种，我国采用 50Hz，对应周期是 0.02s。一般电信号变化快，周期非常短，常用频率来表示较方便。例如，正常人耳能听到的声音信号的频率（音频）为 20 ~ 20000Hz，常见收音机的中波段一般为 525 ~ 1605kHz 等。

3）角频率 ω：单位时间内正弦量所经历的电角度，用 ω 表示。在一个周期 T 内，正弦量经历的电角度为 2π 弧度，则角频率为

$$\omega = \frac{2\pi}{T} = 2\pi f \tag{3-2}$$

角频率的单位为弧度每秒（rad/s）。

式（3-2）表示了 T、f、ω 三个量之间的关系，它们从不同方面反映正弦量变化的快慢，只要知道其中一个量，就可求出其他两个量。

3.1.2　正弦交流电的数值

反映正弦量大小的物理量有瞬时值、最大值和有效值。

1）瞬时值：正弦量的瞬时值表示每一瞬间正弦量的值，在选定参考方向后，可以用带有正、负号的数值来表示正弦量在每一瞬间的大小和方向。一般用小写字母表示，如用 i、u、e 表示瞬时电流、瞬时电压、瞬时电动势。瞬时值的大小和方向随时间不断变化，为了表示每一瞬间的数值及方向，必须指定参考方向，这样正弦量就用代数量来表示，并根据其正负确定正弦量的实际方向。

2）最大值：正弦量的最大值表示正弦量在整个变化过程中所能达到的最大值，又称峰值，用下标"m"标注，如 I_m、U_m、E_m。

3）有效值：正弦量的有效值用来反映交流电能量转换的实际效果，反映交流电做功的当量值，是根据它的热效应确定的。以交流电流为例，它的有效值定义是：设一个交流电流 i 通过电阻 R 在一个周期 T 内所产生的热量和直流电流 I 通过同一电阻 R 在同等时间内所产生的热量相等，则这个直流电流 I 的数值就称为该交流电流 i 的有效值。根据定义有

$$I^2RT = \int_0^T i^2 R \mathrm{d}t$$

则

$$I = \sqrt{\frac{1}{T}\int_0^T i^2 \mathrm{d}t} \tag{3-3}$$

式(3-3) 中 I 就是交流电流的有效值，其值为其瞬时值的二次方在一个周期内积分平均值的二次方根。因此，有效值也称方均根值。该定义式适用于任何周期性交流量。有效值要用大写字母来表示。

当交变电流为正弦交流时，即

$$i = I_\mathrm{m}\sin(\omega t + \psi) \tag{3-4}$$

则其有效值为

$$
\begin{aligned}
I &= \sqrt{\frac{1}{T}\int_0^T I_\mathrm{m}^2 \sin^2(\omega t + \psi)\,\mathrm{d}t} \\
&= \sqrt{\frac{1}{T}\int_0^T I_\mathrm{m}^2 \frac{1 - \cos^2(\omega t + \psi)}{2}\,\mathrm{d}t} \\
&= \sqrt{\frac{I_\mathrm{m}^2}{2T}T} = \frac{I_\mathrm{m}}{\sqrt{2}} \approx 0.707 I_\mathrm{m}
\end{aligned}
$$

即正弦量的有效值等于其最大值除以 $\sqrt{2}$，或者说正弦量的最大值等于其有效值的 $\sqrt{2}$ 倍，即 $I_\mathrm{m} = \sqrt{2}I$。因此，式(3-4) 表示的正弦电流也可写成

$$i = \sqrt{2}I\sin(\omega t + \psi)$$

上述结论同样适用于正弦电压、正弦电动势，即

$$U_\mathrm{m} = \sqrt{2}U,\ E_\mathrm{m} = \sqrt{2}E$$

 小提示

常用的测量交流电压和交流电流的各种仪表，所指示的数字均为有效值。各种电器铭牌上标的也都是有效值。通常所说电灯的电压为 220V，就是指照明用电电压的有效值为 220V。

【例3-1】　有一电容，耐压为 300V，问能否接在电压为 220V 交流电源上？

解：本题要注意电容的耐压是指其峰值，即最大值，而电源的电压是有效值，其最大值为 $220 \times \sqrt{2}\mathrm{V} \approx 311\mathrm{V}$，超过了电容的耐压值，因此不能接在 220V 的电源上。

3.1.3　交流电的相位

反映正弦量状态的物理量有相位、初相和相位差。

1）相位是表示正弦量在某一时刻所处状态的物理量，它不仅能确定瞬时值的大小和方

向，还能表示出正弦量的变化趋势。

式（3-4）中 $\omega t + \psi$ 是随时间变化的电角度即相位，反映了正弦量变化的进程，它确定正弦量每一瞬间的状态。

2）初相表示正弦量在计时起点即 $t=0$ 时的相位。正弦量的初相确定了正弦量在计时起点的瞬时值，反映了正弦量在计时起点的状态。一般规定初相 $|\psi|$ 不超过 π 弧度。相位与初相常用弧度表示，也可用度来表示。

正弦量的相位和初相都和计时起点的选择有关。计时起点选择不同，相位和初相不同。

正弦量在一个周期内瞬时值两次为零，现规定由负值向正值变化的零为正弦量的零值。如取正弦量的零值瞬间为计时起点，则初相 $\psi = 0$，如图 3-2a 所示；初相为正，即 $t=0$ 时正弦量的值为正，它在计时起点之前到达零值，即零值在坐标原点左侧，如图 3-2b 所示；同理，初相为负，即零值在坐标右侧，如图 3-2c 所示。

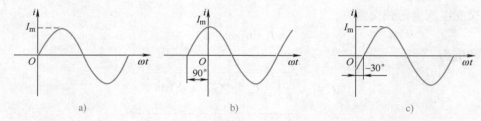

图 3-2　不同初相的正弦电流的波形图

 小提示

正弦量的角频率、最大值（幅值）和初相称为正弦量的三要素。

【例 3-2】已知两正弦量的解析式为 $i = -6\sin\omega t\,\mathrm{A}$，$u = 10\sin(\omega t + 210°)\,\mathrm{V}$，求每个正弦量的有效值和初相。

解：$i = -6\sin\omega t = 6\sin(\omega t \pm 180°)\,\mathrm{A}$

其有效值 $I = (6/\sqrt{2})\,\mathrm{A} = 4.24\,\mathrm{A}$，初相 $\psi = \pm 180°$，要注意最大值、有效值为正值，如果解析式如有负号，负号要等效变换到相位中。

$$u = 10\sin(\omega t + 210°)\,\mathrm{V} = 10\sin(\omega t + 210° - 360°)\,\mathrm{V} = 10\sin(\omega t - 150°)\,\mathrm{V}$$

其有效值 $U = (10/\sqrt{2})\,\mathrm{V} = 7.07\,\mathrm{V}$，初相 $\psi = -150°$

对求给定正弦量的三要素应将正弦量的解析式变为标准形式，即最大值为正值、初相的绝对值不超过 π 或 $180°$ 的形式。

3）相位差描述的是两个同频率正弦量的相位之差。如两个正弦量为

$$u_1 = U_{m1}\sin(\omega t + \psi_1)$$
$$u_2 = U_{m2}\sin(\omega t + \psi_2)$$

其相位差为

$$\varphi_{12} = (\omega t + \psi_1) - (\omega t + \psi_2) = \psi_1 - \psi_2$$

正弦量的相位是随时间变化的，但同频率正弦量的相位差不随时间改变，等于它们的初相之差，规定其绝对值不超过 $180°$。根据 φ_{12} 的代数值可判断两正弦量到达最大值的先后顺序。若 $\varphi_{12} = 0$，表示 u_1 与 u_2 同相，即 u_1 与 u_2 同时到达零或最大值，如图 3-3a 所示；若

$\varphi_{12} > 0$，表示 u_1 比 u_2 超前或 u_2 比 u_1 滞后，如图 3-3b 所示；若 $\varphi_{12} = \pm 180°$，表示 u_1 与 u_2 反相，即一个正弦量达到最大值，另一个正弦量达到负的最大值，如图 3-3c 所示；若 $\varphi_{12} = 90°$，表示 u_1 比 u_2 超前 $90°$，即一个正弦量为正弦规律变化，另一个正弦量为余弦规律变化，如图 3-3d 所示。

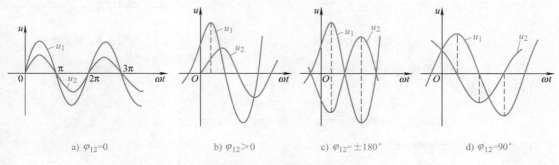

a) $\varphi_{12}=0$　　　　b) $\varphi_{12}>0$　　　　c) $\varphi_{12}=\pm180°$　　　　d) $\varphi_{12}=90°$

图 3-3　正弦量的相位差

👆**小提示**

只有同频率正弦量讨论其相位差才有意义。

【例 3-3】 已知 $u = 220\sqrt{2}\sin(\omega t + 270°)\,\text{V}$，$i = 5\sin(\omega t - 60°)\,\text{A}$，$f = 100\text{Hz}$ 求 u 与 i 的相位差及时间差 Δt。

解：$u = 220\sqrt{2}\sin(\omega t + 240° - 360°)\,\text{V} = 220\sqrt{2}\sin(\omega t - 90°)\,\text{V}$，$u$ 的初相为 $-90°$，i 的初相为 $-60°$，$\varphi_{ui} = -90° - (-60°) = -30° < 0$，表明 u 滞后 i $30°$。

因为 $\varphi_{ui} = \omega\Delta t = 2\pi f\Delta t$，$\Delta t = \dfrac{\pi/6}{2\pi \times 100}\text{s} \approx 0.00083\text{s} = 0.83\text{ms}$

3.2　正弦量的相量表示法

正弦量可以用解析式或波形图来表示，但用它们来分析正弦交流电路，将非常烦琐和困难。为了解决同频率正弦交流电的计算问题，工程上通常是采用复数表示正弦量，把对正弦量的各种运算转化为复数的代数运算，从而大大简化正弦交流电路的分析计算过程，这种方法称为相量法。下面先对复数做一简要复习，而后再讲述相量法。

3.2.1　复数

在数学中 $\sqrt{-1}$ 称为虚单位并用 i 表示。由于在电工中 i 已代表电流，因此虚单位改用 j 表示，即 $j = \sqrt{-1}$。实数与 j 的乘积称为虚数。由实数和虚数组合而成的数，称为复数。设 A 为一个复数，其实数和虚数分别为 a 和 b，则复数 A 可用代数形式表示为 $A = a + jb$。每一个复常数在复平面上都有一个对应的点，连接这一点与复平面上的原点，构成一个有向线段即复矢量和复数 A 相对应，如图 3-4 所示。矢量 $\overrightarrow{OP}$ 在实轴和虚轴上的投影分别为复数 A 的实部和虚部。

矢量 $\overrightarrow{OP}$ 的长度 r 为复数 A 的模，矢量 $\overrightarrow{OP}$ 和正实轴的夹角 φ 称为复数 A 的幅角。它们之间的对应关系是

$$a = r\cos\varphi$$
$$b = r\sin\varphi$$
$$r = \sqrt{a^2 + b^2}$$
$$\varphi = \arctan\frac{b}{a}$$

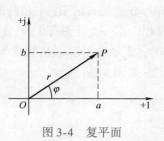

图 3-4　复平面

可得复数 A 的三角式为 $A = r(\cos\varphi + j\sin\varphi)$

根据欧拉公式

$$\cos\varphi = \frac{e^{j\varphi} + e^{-j\varphi}}{2} \text{和} \sin\varphi = \frac{e^{j\varphi} - e^{-j\varphi}}{2j}$$

可得复数 A 的指数形式为

$$A = re^{j\varphi}$$

在电路中为了书写方便，常将指数形式的复数 $A = re^{j\varphi}$ 简写为极坐标形式，即

$$A = r\angle\varphi$$

复数形式的相互变换和运算规则，是求解交流电路的基本运算。

1. 复数的加、减法运算

复数的相加和相减，常采用复数的代数形式或三角形式进行运算。当两个或两个以上复数相加时，其和仍为复数，和的实部等于各复数的实部相加，和的虚部等于各复数的虚部相加。当多个复数相减时，其差仍为复数，差的实部等于各复数的实部相减，差的虚部等于各复数的虚部相减。例如

$$A_1 = a_1 + jb_1, \quad A_2 = a_2 + jb_2$$

其和为

$$A = A_1 + A_2 = (a_1 + a_2) + j(b_1 + b_2)$$

其差为

$$A' = A_1 - A_2 = (a_1 - a_2) + j(b_1 - b_2)$$

2. 复数的乘、除法运算

复数的相乘和相除，常采用指数形式、极坐标形式运算，较简单。运算的规则是几个复数相乘等于各复数的模相乘、幅角相加；几个复数相除等于各复数的模相除、辐角相减。例如

$$A_1 = a_1 + jb_1 = r_1 e^{j\varphi_1} = r_1\angle\varphi_1, \quad A_2 = a_2 + jb_2 = r_2 e^{j\varphi_2} = r_2\angle\varphi_2$$

其积为

$$A = A_1 A_2 = r_1 e^{j\varphi_1} r_2 e^{j\varphi_2} = r_1 r_2 e^{j(\varphi_1 + \varphi_2)} = r_1 r_2 \angle(\varphi_1 + \varphi_2)$$

其商为

$$A' = \frac{A_1}{A_2} = \frac{r_1 e^{j\varphi_1}}{r_2 e^{j\varphi_2}} = \frac{r_1}{r_2} e^{j(\varphi_1 - \varphi_2)} = \frac{r_1}{r_2} \angle(\varphi_1 - \varphi_2)$$

3. j 的意义

在电路计算中，常遇到与算符 j 的相乘运算，如 jA。

$$j = e^{j\frac{\pi}{2}} = \cos\frac{\pi}{2} + j\sin\frac{\pi}{2} = 1\angle 90°$$

$$-j = e^{-j\frac{\pi}{2}} = \cos\left(-\frac{\pi}{2}\right) + j\sin\left(-\frac{\pi}{2}\right) = 1\angle -90°$$

👆 **小提示**

一个复矢量乘以 j 后，矢量的长度不变，但其辐角从原矢量的位置逆时针方向转过 90°。同理，若乘以 –j，则矢量顺时针方向转过 90°。

3.2.2 用复数表示正弦量

用来表示正弦量的复数称为相量，相量用大写字母上面加黑点表示，用以表明该复数是正弦量，与一般的复数不同。例如，$\dot{I}$、$\dot{U}$ 和 $\dot{E}$ 分别为正弦电流、电压和电动势的相量，正弦交流电流 $i = \sqrt{2}I\sin(\omega t + \varphi)$ 的相量为

$$\dot{I} = I\angle\varphi \tag{3-5}$$

这种用复数表示正弦量的方法称为相量法。应用相量法可以把同频率正弦量的运算转化为复数的运算。

👆 **小提示**

相量只是正弦量的一种表示，两者间是对应关系，而不是相等关系。

和复数一样，正弦量的相量也可以在复平面上用一有方向的线段表示，并称之为相量图。图 3-5 所示为式（3-5）所表示的正弦电流的相量图。

作相量图时实轴和虚轴通常可省略不画，且习惯上选取初相为零的正弦量为参考正弦量。

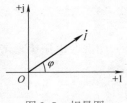

图 3-5 相量图

👆 **小提示**

只有同频率正弦量才能画在一个图中，在画相量图时，为了使图形更清楚，可不画出实轴、虚轴。

【例 3-4】 已知 $u = 141\sin(\omega t + 60°)$ V，$i = 70.7\sin(\omega t - 60°)$ A。试写出它们的相量式，画出相量图，并说明二者的相位关系。

解：

$$\dot{U} = \frac{141}{\sqrt{2}}\angle 60°\text{V} = 100\angle 60°\text{V}$$

$$\dot{I} = \frac{70.7}{\sqrt{2}}\angle -60°\text{A} = 50\angle -60°\text{A}$$

相量图如图 3-6 所示。由相量图可知，二者的相位差即为两相量的夹角，即 $\varphi = 120°$，且电压超前电流。

正弦量和的相量等于各正弦量对应的相量之和。同理正弦量差的相量等于各正弦对应的相量之差。

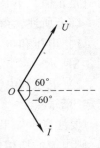

图 3-6 例 3-4 图

【例 3-5】 设已知 $u_1 = 100\sqrt{2}\sin\omega t\,V$，$u_2 = 150\sqrt{2}\sin(\omega t - 120°)\,V$。求 $u = u_1 + u_2$，$u' = u_1 - u_2$。

解：
$$\dot{U}_1 = 100\angle 0°\,V = 100V,$$

$$\dot{U}_2 = 150\angle -120°V = [150\cos(-120°) + j150\sin(-120°)]V = (-75 - j129.9)V$$

$$\dot{U} = \dot{U}_1 + \dot{U}_2 = [100 + (-75 - j129.9)]V = (25 - j129.9)V = 134.6\angle -79.1°V$$

$$\dot{U}' = \dot{U}_1 - \dot{U}_2 = [100 - (-75 - j129.9)]V = (175 + j129.9)V = 217.9\angle 36.6°V$$

则有

$$u = 134.6\sqrt{2}\sin(\omega t - 79.1°)V$$

$$u' = 217.9\sqrt{2}\sin(\omega t + 36.6°)V$$

3.3 单一参数正弦交流电路

电阻、电感、电容是交流电路中的基本电路元件。本节着重研究这 3 个元件。

3.3.1 电阻正弦交流电路

1. 电阻上电压和电流的关系

图 3-7 给出在线性电阻 R 两端加上正弦电压 u 时，电阻中就有正弦电流 i 通过。在图示电压和电流的关联方向下，电阻中通过的电流为

$$i = \frac{u}{R} \tag{3-6}$$

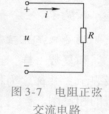

图 3-7 电阻正弦交流电路

如选取电压为参考正弦量，即其初相为零，有

$$u = U_m\sin\omega t = \sqrt{2}U\sin\omega t$$

则

$$i = \frac{u}{R} = \frac{U_m\sin\omega t}{R} = \frac{U_m}{R}\sin\omega t = I_m\sin\omega t$$

$$I_m = \frac{U_m}{R}\ 或\ I = \frac{U}{R} \tag{3-7}$$

式（3-7）是正弦量电压、电流的最大值及有效值的欧姆定律形式，由于有效值、最大值只是正值，不是代数量，因此该式只表示大小关系而不表示方向关系。

综上所述，得出电阻上电压和电流的关系有：

1）电压和电流均是同频同相的正弦量，其波形如图 3-8 所示。

2）电压和电流的瞬时值、有效值、最大值均符合欧姆定律形式。

要注意：如果电压 u 的初相不为零，而是某一角度 ψ，则电流的初相也应是 ψ。

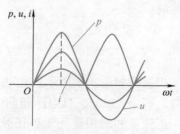

图 3-8 电压、电流、功率波形

2. 电阻上电压和电流的相量关系

根据上述线性电阻上电压与电流的关系，考虑到一般性，设电阻两端电压具有初相 ψ，则电压的解析式为 $u = \sqrt{2}U\sin(\omega t + \psi)$，其对应相量 $\dot{U} = U\angle\psi$；经过电阻的电流为 $i = \sqrt{2}I\sin(\omega t + \psi)$，其对应相量 $\dot{I} = I\angle\psi$，即

$$\frac{\dot{U}}{\dot{I}} = \frac{U}{I}\angle(\psi - \psi) = R$$

有

$$\dot{I} = \frac{\dot{U}}{R} \tag{3-8}$$

式(3-8) 就是电阻电压和电流的相量关系式，其相量图如图 3-9 所示。相量关系式既能表示电压与电流有效值的关系，又能表示其相位关系。

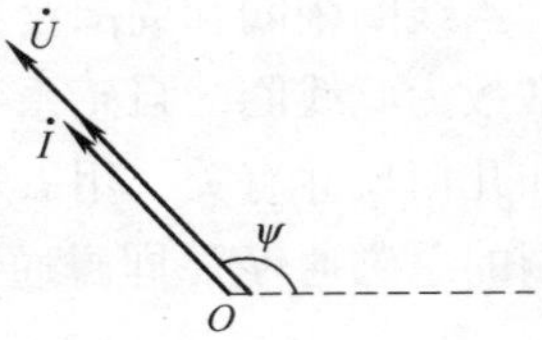

3. 电阻的功率

在交流电路中，在关联方向下，任意瞬间电阻上的电压瞬时值与电流瞬时值的乘积称为该元件的瞬时功率，用 p 表示，即

图 3-9　相量图

$$p = ui = \sqrt{2}U\sin\omega t \times \sqrt{2}I\sin\omega t = 2UI\sin^2\omega t = 2UI\frac{1 - \cos 2\omega t}{2} \tag{3-9}$$

$$= UI - UI\cos 2\omega t$$

由图 3-8 可知瞬时功率在变化过程中始终在横坐标轴上方，即 $p \geq 0$，所以电阻吸收功率，是一个耗能元件。

由于瞬时功率时刻在变化，不便计算，通常都是计算一个周期内消耗功率的平均值，即平均功率，又称为有功功率，用 P 来表示。周期性交流电路中的平均功率就是瞬时功率在一个周期内的平均值。

$$P = \frac{1}{T}\int_0^T p\,\mathrm{d}t = \frac{1}{T}\int_0^T (UI - UI\cos 2\omega t)\,\mathrm{d}t = UI$$

因为 $U = IR$ 或 $I = \frac{U}{R}$，则有

$$P = I^2R = \frac{U^2}{R} \tag{3-10}$$

功率的单位为瓦（W），工程上也常用千瓦（kW）。一般用电器上标的功率，如电灯的功率为 40W、电动机的功率为 3kW、电阻的功率为 0.5W 等指的是平均功率。

【例 3-6】　一电阻 $R = 100\Omega$，通过 R 的电流 $i = 14.1\sin(\omega t + 30°)$ A，求：（1）电阻 R 两端的电压 U 及 u。（2）电阻 R 消耗的功率 P。

解：（1）$i = 14.1\sin(\omega t + 30°)$ A，其相量 $\dot{I} = 10\angle 30°$ A。

而 $\dot{U} = \dot{I}R = 10\angle 30° \times 100$ V $= 1000\angle 30°$ V，则 $U = 1000$ V，$u = 1000\sqrt{2}\sin(\omega t + 30°)$ V。

（2）$P = UI = 1000 \times 10$ W $= 10000$ W 或 $P = I^2R = 10^2 \times 100$ W $= 10000$ W

3.3.2 电感正弦交流电路

1. 电感

电感是从实际的电感器（又称电感线圈，如变压器线圈、荧光灯镇流器的线圈，收音机中的天线线圈等）抽象出来的理想化模型。实际电感器通常由导线绕制而成，因此总存在电阻，若忽略线圈本身的电阻，可以把线圈看作一理想电感。

若线圈匝数为 N，而且绕制得非常紧密，可认为穿过线圈的磁通与各匝线圈像链条一样彼此交链，穿过各匝线圈的磁通 Φ 的代数和称为磁通链，用 Ψ 表示，单位是韦伯（Wb），即 $\Psi = N\Phi$。

当线圈中间和周围没有铁磁性物质时，线圈的磁通链 Ψ 与产生磁场的电流 i 成正比，比例常数为此线圈的自感系数，简称自感或电感量，也称为线性电感，其只与线圈的形状、匝数和几何尺寸有关，用 L 表示。当线圈中通以电流 i 时，在元件内部将产生磁通，此时穿过线圈的总磁通 Ψ（即磁通链）与电流 i 的关系为

$$\Psi = Li \tag{3-11}$$

当 L 为一常数时，该电感为线性元件，否则为非线性元件。线性电感的电感量只取决于元件的几何形状、大小以及磁介质。

电感的单位是亨利（H），常用的单位有毫亨（mH）或微亨（μH）。图 3-10 所示为理想电感及其符号。

当电感中有交流电流通过时，如图 3-10c 所示，线圈两端产生的感应电压与通过它的电流对时间的变化率成正比，其数学表达式为

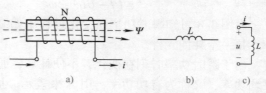

$$u = -e = L\frac{\mathrm{d}i}{\mathrm{d}t} \tag{3-12}$$

图 3-10 理想电感及其符号

式(3-12) 说明电感上的电压与流过电流的变化率成正比，因此电感是动态元件。在直流电路中，电流不变化，理想电感上的电压为零，相当于短路，所以在直流电路中没有考虑电感的作用。

2. 电感的电压和电流的关系

若设线圈中的电流参考正弦量为

$$i = I_\mathrm{m}\sin\omega t = \sqrt{2}I\sin\omega t$$

根据式(3-12) 可求得其端电压为

$$u = L\frac{\mathrm{d}i}{\mathrm{d}t} = L\frac{\mathrm{d}}{\mathrm{d}t}\sqrt{2}I\sin\omega t = \omega L\sqrt{2}I\cos\omega t$$

$$= \omega L\sqrt{2}I\sin(\omega t + 90°) = \sqrt{2}U\sin(\omega t + 90°)$$

其中，$U = \omega LI$，$\psi_u = \psi_i + 90°$。取 $X_L = \omega L = 2\pi fL$，称其为电感电抗（简称感抗），它的单位是欧姆。它反映了电感在正弦交流电路中阻碍电流通过的能力。感抗与频率成正比，当 $\omega \to \infty$ 时，$X_L \to \infty$，即电感相当于开路，电感常用作高频扼流线圈。在直流电路中，$\omega \to 0$，

$X_L \to 0$，即电感相当于短路。电感的电压与电流 u、i 的波形图如图 3-11a 所示。

由上面分析可得如下结论：

1）电感的电压与电流是同频率正弦量，且电压超前电流 90°。

2）电感的电压与电流的有效值或最大值符合欧姆定律，即

$$I = \frac{U}{X_L}, \quad I_m = \frac{U_m}{X_L}$$

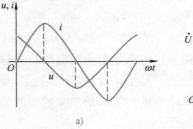
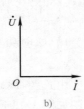

图 3-11 电感电压、电流波形及相量图

 小提示

电感上电压与电流的瞬时值不符合欧姆定律，即 $i \neq \dfrac{u}{X_L}$。

3. 电感上电压和电流的相量关系

将上面 u、i 表达式分别用相量表示，则有

$$\dot{I} = I\angle\psi_i, \quad \dot{U} = U\angle\psi_u$$

则

$$\frac{\dot{U}}{\dot{I}} = \frac{U\mathrm{e}^{\mathrm{j}\psi_u}}{I\mathrm{e}^{\mathrm{j}\psi_i}} = \frac{U}{I}\mathrm{e}^{\mathrm{j}(\psi_u - \psi_i)} = X_L \mathrm{e}^{\mathrm{j}90°} = \mathrm{j}X_L$$

即

$$\dot{I} = \frac{\dot{U}}{\mathrm{j}X_L} \qquad (3\text{-}13)$$

式（3-13）为纯电感上电压与电流相量形式的欧姆定律，该表达式既能反映电压与电流之间的数值关系，也能反映电压与电流之间的相位关系。对应的相量图如图 3-11b 所示。

【例 3-7】 已知 $L = 31.8\mathrm{mH}$，端电压 $u = 311\sin(314t + 60°)\mathrm{V}$，电压和电流的参考方向相关联。试计算感抗 X_L、电路中的电流，并画相量图。如果把此线圈接到 220V、1000Hz 的电源上，问通过线圈的电流为多少？

解：（1）
$$X_L = \omega L = 314 \times 31.8 \times 10^{-3}\Omega \approx 10\Omega$$

$$\dot{I} = \frac{\dot{U}}{\mathrm{j}X_L} = \frac{220\angle 60°}{\mathrm{j}10}\mathrm{A} = 22\angle -30°\mathrm{A}$$

$$i = 22\sqrt{2}\sin(314t - 30°)\mathrm{A}$$

相量图如图 3-12 所示。

（2）$X_L = \omega L = 2\pi fL = 2 \times 3.14 \times 1000 \times 31.8 \times 10^{-3}\Omega = 200\Omega$

$$\dot{I} = \frac{\dot{U}}{\mathrm{j}X_L} = \frac{220\angle 60°}{\mathrm{j}200}\mathrm{A} = 1.1\angle -30°\mathrm{A}$$

$$i = 1.1\sqrt{2}\sin(6280t - 30°)\mathrm{A}$$

由上面分析可知，在相同电源电压下，频率越高感抗越大，电路中电流越小。

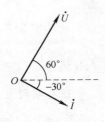

图 3-12 相量图

4. 电感的功率

为了分析方便，设经过电感的电流的初相为零即为参考相量，则电感两端电压的初相为 90°，其表达式为

$$u = \sqrt{2}\,U\sin(\omega t + 90°),\ i = \sqrt{2}\,I\sin\omega t$$

1）瞬时功率：由电感上瞬时电压与瞬时电流相乘所得，用小写 p 表示，即

$$p = ui = \sqrt{2}\,U\sin(\omega t + 90°) \times \sqrt{2}\,I\sin\omega t = UI\sin2\omega t \tag{3-14}$$

由式（3-14）可见，瞬时功率 p 的幅值是 UI，其是以频率 2ω 随时间交变的正弦量，波形图如图 3-13 所示。

图 3-13 表明：在 p 的第 1 和第 3 个 1/4 周期内，u 和 i 同为正值或同为负值，瞬时功率 p 为正。由于 i 从零增加到最大值，电感建立磁场，将从电源吸收的电能转换为磁场能量，储存在磁场中。在 p 的第 2 个和第 4 个 1/4 周期内，u 和 i 一个为正值，另一个为负值，故瞬时功率为负值。在此期间，i 从最大值下降为零，电感中建立的磁场在消失。这期间电感中储存的磁场能量释放出来，转换为电能返送给电源。在以后的每个周期中都重复上述过程。

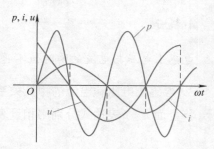

图 3-13　瞬时功率波形

2）平均功率：电感瞬时功率在一个周期内的平均值，即

$$P = \frac{1}{T}\int_0^T p\,\mathrm{d}t = \frac{1}{T}\int_0^T UI\sin2\omega t\,\mathrm{d}t = 0$$

电感的平均功率为零，即纯电感不消耗能量，是储能元件。

3）电感的无功功率：描述的是电源与电感之间的能量交换，为了衡量这种能量交换的规模，取瞬时功率的最大值即电压和电流有效值的乘积。用 Q_L 表示，即 $Q_L = UI = I^2 X_L = \dfrac{U^2}{X_L}$，单位为乏（var）或千乏（kvar）。

【例 3-8】　把一个 0.5H 的电感接到 $u = 220\sqrt{2}\sin(314t + 45°)$ V 的电源上，求通过该元件的电流 i 及电感的无功功率。

解：已知电压对应的相量为

$$\dot{U} = 220\angle45° \text{V} \quad X_L = \omega L = 314 \times 0.5\ \Omega = 157\ \Omega$$

$$\dot{I} = \frac{\dot{U}}{\mathrm{j}X_L} = \frac{220\mathrm{e}^{\mathrm{j}45°}}{157\mathrm{e}^{\mathrm{j}90°}}\text{A} = 1.4\angle-45° \text{A}$$

则有

$$i = 1.4\sqrt{2}\sin(314t - 45°)\text{A}$$

无功功率为

$$Q_L = UI = 220 \times 1.4\,\text{var} = 308\,\text{var}$$

👉 **小提示**

一般求瞬时电压或电流时，最好用相量来求，这样可同时求出数值和初相。

3.3.3　电容正弦交流电路

1. 电容

在电路中经常用到一种称为电容的电气元件。电容通常由两个导体中间隔以介质（空气、纸、云母等）组成。它可用于功率因数补偿、调谐、耦合、滤波等。电容加上电源后，极板上分别聚集起等量异号电荷。此时，在介质中建立起电场，并储存了电场能量，因此电容是一种储能元件。如果忽略介质损耗和漏电流，电容可称为理想电容。电容的重要参数有两个：电容量和工作电压，但该电压是最大电压而不是有效值。电容的符号如图 3-14a 所示。电容的电容量简称电容，用 C 表示，由电容的极板上所带电量 q 与电容两端电压 u 的比值来定，在规定参考方向由正极板指向负极板时，有

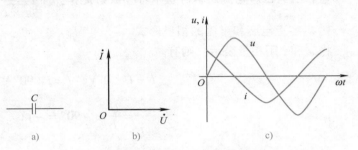

图 3-14　电容电路及电压、电流波形

$$C = \frac{Q}{U}$$

C 的单位是法拉（F），由于法拉这个单位太大，实际应用中常用微法（μF）与皮法（pF）作为电容的计算单位。

$$1\mu F = 10^{-6}F,\ 1pF = 10^{-12}F$$

当 C 为常量，与电压无关时，该电容称为线性电容，这里只研究线性电容。

2. 电容上电压和电流的关系

如图 3-14 所示，选取电容两端电压与电流的参考方向为关联。在直流电路中，由于端电压不变，电容中没有电流通过，电容相当于开路；而在交流电路中，由于电源电压的大小和方向在不断变化，电容不断被充电和放电，电路中始终有电流通过。也就是说，变化的电压产生电流。线性电容的电流与电容端电压对时间的变化率成正比，其数学表达式为

$$i = C\frac{du}{dt} \tag{3-15}$$

设加在电容 C 上的端电压为正弦电压，且为参考正弦量，即

$$u = \sqrt{2}\,U\sin\omega t$$

由式（3-15）得电容的电流 $i = C\dfrac{du}{dt} = \sqrt{2}\,U\omega C\cos\omega t = \sqrt{2}I\sin(\omega t + 90°)$

其中，$I = \omega CU$。

由上面分析可得出如下结论：

1）电容上的电压和电流是同频率的正弦量，且电压比电流滞后 90°。

2）取 $X_C = \dfrac{1}{\omega C} = \dfrac{1}{2\pi fC}$ 为电容的电抗，简称容抗。它反映了电容在正弦电路中限制电流通过的能力，单位为欧姆（Ω）。容抗与频率成反比，当 $f \to 0$ 时，$X_C \to \infty$，电容相当于开

路，即隔直作用。当 $f \rightarrow \infty$ 时，$X_C \rightarrow 0$，电容相当于短路。

3）电容上电压和电流的有效值、最大值符合欧姆定律形式，即

$$I = \frac{U}{X_C}, \ I_{\mathrm{m}} = \frac{U_{\mathrm{m}}}{X_C}$$

 小提示

电容上电压和电流的瞬时值不符合欧姆定律，即 $i \neq \dfrac{u}{X_C}$。

3. 电容上电压和电流的相量形式

将 u 和 i 用相量表示，则有

$$\dot{U} = U \angle 0° \mathrm{V}, \ \dot{I} = I \angle 90° \mathrm{A}$$

$$\frac{\dot{U}}{\dot{I}} = \frac{U}{I} \angle -90° = -\mathrm{j}X_C$$

即

$$\dot{I} = \frac{\dot{U}}{-\mathrm{j}X_C} \tag{3-16}$$

式（3-16）为电容上电压和电流相量形式的欧姆定律。

图 3-14b 为电容上电压和电流的相量图，图 3-14c 为其波形。

4. 电容的功率

纯电容电路的瞬时功率为

$$p = u \ i = \sqrt{2} U \sin \omega t \times \sqrt{2} I \sin(\omega t + 90°) = UI \sin 2\omega t$$

图 3-15 画出了 p 的变化曲线。从图中可以看出，在 p 的第 1 和第 3 个 1/4 周期内，电容两端的电压分别从零增加到正的最大值和负的最大值，电容中的电场增强，此时电容被充电，从电源处吸收电能，并把它储藏在电容的电场中。在第 2 和第 4 个 1/4 周期内，电容两端的电压分别从正的最大值和负的最大值减小到零，电容中的电场减弱，这时电容在放电，它就把储藏在电场中的能量又送回电源。因此在纯电容电路中，时而储存能量，时而释放能量，在一个周期内纯电容消耗的平均功率等于零，即 $P = 0$，因此纯电容也是一种储存能量的元件。

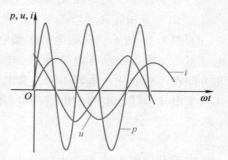

图 3-15　电容电路瞬时功率

电容的无功功率也是为描述电容与电源之间能量转换的大小，纯电容电路的无功功率（其单位为乏，即 var）为

$$Q_C = UI = I^2 X_C = \frac{U^2}{X_C}$$

【例 3-9】　在 $U = 220\mathrm{V}$、$f = 50\mathrm{Hz}$ 的正弦交流电路中，接入 $C = 40\mu\mathrm{F}$ 的电容。试计算该电容的容抗 X_C 以及电路中的电流 I。如果电源频率为 $1000\mathrm{Hz}$，电压不变，求电容的容抗、电路中的电流 I 及电容的无功功率。

解：电容的容抗为

$$X_C = \frac{1}{\omega C} = \frac{1}{2\pi \times 50 \times 40 \times 10^{-6}}\Omega = 79.6\Omega$$

电路中的电流为

$$I = \frac{U}{X_C} = \frac{220}{79.6}\mathrm{A} = 2.76\mathrm{A}$$

$$Q_C = I^2 X_C = 609.4\mathrm{var}$$

$$X_C = \frac{1}{\omega C} = \frac{1}{2\pi \times 1000 \times 40 \times 10^{-6}}\Omega = 4\Omega$$

$$I = \frac{U}{X_C} = \frac{220}{4}\mathrm{A} = 55\mathrm{A}$$

$$Q_C = I^2 X_C = 12100\mathrm{var}$$

可见频率变化时电容的容抗也跟着变化，在电源电压相同时，电流、无功功率也会变化。

3.4 *RLC* 串联与并联电路

3.4.1 *RLC* 串联电路及复阻抗

图 3-16 所示为 *RLC* 串联电路，图 3-16b 为相量电路图，各部分电压与电流的参考方向如图所示。

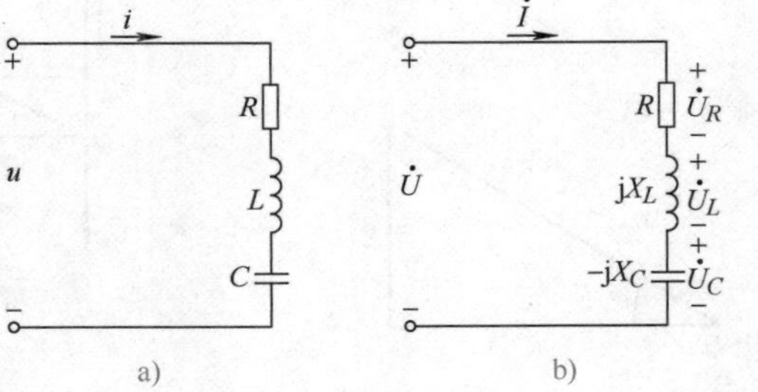

根据基尔霍夫定律，电路的总电压为

$$\dot{U} = \dot{U}_R + \dot{U}_L + \dot{U}_C = R\dot{I} + jX_L\dot{I} - jX_C\dot{I}$$

$$= [R + j(X_L - X_C)]\dot{I} = (R + jX)\dot{I} = Z\dot{I}$$

图 3-16 *RLC* 串联电路

即

$$\dot{I} = \frac{\dot{U}}{Z} \qquad\qquad (3-17)$$

式中

$$Z = R + jX, \quad X = X_L - X_C$$

由式(3-17) 可知 Z 是一个复数，其实部 R 为电路的电阻，虚部系数 X 为感抗和容抗之差，称为电抗，用 X 表示，其值可正可负。此外，Z 也具有阻碍电流的作用，因此称之为复阻抗，复阻抗和电抗的单位都是 Ω。

必须注意的是复阻抗只是一个复数，而不是正弦函数，因而不是相量。

式(3-17) 表示了复阻抗的电压和电流的相量关系，与电阻电路中欧姆定律的形式相同，称为相量形式的欧姆定律。复阻抗 Z 综合反映了电阻、电感和电容 3 个元件对电流的阻碍，也可看作一个二端元件，图形符号如图 3-17 所示。

理想电阻、电感和电容都可看成是复阻抗的特例，它们对应的复阻抗

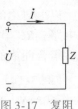

图 3-17 复阻抗电路

分别为 $Z = R$、$Z = j\omega L$、$Z = -j\dfrac{1}{\omega C}$。

复阻抗也可以用复数的极坐标形式表示，即

$$Z = \sqrt{R^2 + X^2} \angle \arctan \frac{X}{R} = |Z| \angle \varphi \tag{3-18}$$

其中，$|Z| = \sqrt{R^2 + X^2}$ 为复阻抗的模，称为阻抗；$\varphi = \arctan \dfrac{X}{R}$ 为复阻抗的辐角，称为阻抗角。阻抗角的大小取决于 R、L、C 三个元件的参数以及电源的频率。

由 $|Z| = \sqrt{R^2 + X^2}$ 可见，RLC 串联电路中的电阻、电抗和阻抗可构成一个直角三角形，称为阻抗三角形，如图 3-18 所示。阻抗三角形在正弦交流电路的分析计算中有重要的辅助作用。

在 RLC 串联电路中，由于 $X = X_L - X_C$，$\varphi = \arctan \dfrac{X}{R}$，因此端口电压与电流的相位关系，即电路负载的性质，有以下 3 种不同的情况：

（1）感性负载 当 $X > 0$，即 $X_L > X_C$ 时，$\varphi > 0$。此时 $U_L > U_C$，电感作用大于电容作用，电路呈感性，称为感性电路。若以电流 $\dot{I}$ 为参考相量，依次画出各部分电压的相量，如图 3-19a 所示。

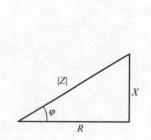

图 3-18　阻抗三角形

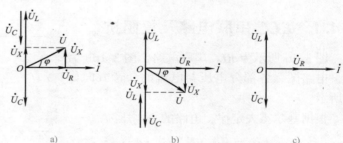

图 3-19　RLC 串联电路的 3 种情况

由图 3-19a 可知，$\dot{U}$、$\dot{U}_R$、$\dot{U}_X$ 三个电压相量构成一个直角三角形，称为电压三角形。感性电路的电压三角形位于第一象限。$\varphi > 0$，表示端电压超前总电流。

（2）电容性负载 当 $X < 0$，即 $X_L < X_C$ 时，$\varphi < 0$。此时 $U_L < U_C$，电容作用大于电感作用，电路呈容性，称为容性电路。在容性电路中，由 $\dot{U}$、$\dot{U}_R$、$\dot{U}_X$ 三个电压相量构成的电压三角形位于第四象限。$\varphi < 0$，表示端电压滞后总电流。相量图如图 3-19b 所示。

（3）电路谐振（电阻性负载） 当 $X = 0$，即 $X_L = X_C$ 时，$\varphi = 0$，表示端电压与总电流同相，电路呈电阻性。这是一种特殊情况，也称谐振，如图 3-19c 所示。

以上讨论的 RLC 串联电路是一种具有代表性的电路。纯电阻电路、纯电容电路、纯电感电路、RC 串联电路、RL 串联电路以及 LC 串联电路都可以看成是它的特例。这些由不同元件组合而成的电路，均可用 RLC 串联电路的分析方法进行分析和计算。

【例 3-10】 RLC 串联电路中 $R = 13.7\,\Omega$，$L = 3\,\text{mH}$，$C = 100\,\mu\text{F}$，外加电压 $u = 220\sqrt{2}\sin(\omega t + 60°)\text{V}$，电源频率 $f = 1000\,\text{Hz}$。试求电流 i 和电压超前电流的相位 φ。

解：

$$X_L = \omega L = 2\pi \times 1000 \times 3 \times 10^{-3}\Omega = 18.8\Omega$$

$$X_C = \frac{1}{\omega C} = \frac{1}{2\pi \times 1000 \times 100 \times 10^{-6}}\Omega = 1.59\Omega$$

$$X = X_L - X_C = (18.8 - 1.59)\Omega = 17.21\Omega$$

则有

$$Z = R + jX = (13.7 + j17.21)\Omega = 22\angle 51.5°\Omega$$

$$\dot{I} = \frac{\dot{U}}{Z} = \frac{220\angle 60°}{22\angle 51.5°}A = 10\angle 8.5°A$$

$$\varphi = 51.5°$$

$$i = 10\sqrt{2}\sin(\omega t + 8.5°)A$$

【例3-11】　如图 3-20 所示，在 *RLC* 串联电路中，已知 $R = 150\Omega$，$U_R = 150V$，$U_{RL} = 180V$，$U_C = 150V$。试求电流 *I* 和电源电压 *U*，以及它们之间的相位差，并画出电压电流相量图。

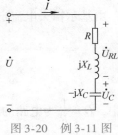

解：
$$I = \frac{U_R}{R} = \frac{150}{150}A = 1A$$

$$X_C = \frac{U_C}{I}\Omega = 150\Omega$$

图 3-20　例 3-11 图

$$|Z_{RL}| = \frac{U_{RL}}{I} = 180\Omega$$

$$X_L = \sqrt{Z_{RL}^2 - R^2} = \sqrt{180^2 - 150^2}\Omega = 99.5\Omega$$

$$X_L - X_C = -50.5\Omega$$

$$|Z| = \sqrt{R^2 + (X_L - X_C)^2} = \sqrt{150^2 + 50.5^2}\Omega = 158.3\Omega$$

$$U = |Z|I = 158.3V$$

电路的阻抗角 $\varphi = \arctan\dfrac{X_L - X_C}{R} = -18.6°$

其相量图如图 3-21 所示，选取电流为参考正弦量，其他电压参照元件性质及计算数值而得。

3.4.2　*RLC* 并联电路及复导纳

图 3-22 所示为 *RLC* 并联电路。在正弦电压 *u* 的作用下，各支路的电流 i_R、i_L、i_C 为同频率的正弦量。

设电源电压为 $u = \sqrt{2}U\sin\omega t$，则各支路电流为

$$i_R = \frac{\sqrt{2}U}{R}\sin\omega t$$

$$i_L = \frac{\sqrt{2}U}{X_L}\sin(\omega t - 90°)$$

$$i_C = \frac{\sqrt{2}U}{X_C}\sin(\omega t + 90°)$$

各支路电流对应的相量为

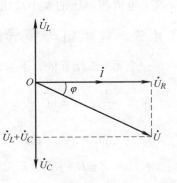

图 3-21　相量图

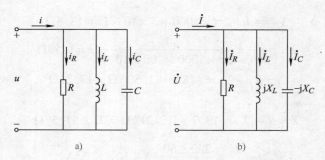

图 3-22 *RLC* 并联电路

$$\dot{I}_R = \frac{\dot{U}}{R} = \frac{U}{R} \angle 0° \quad \dot{I}_L = \frac{\dot{U}}{jX_L} = \frac{U}{X_L} \angle -90° \quad \dot{I}_C = \frac{\dot{U}}{-jX_C} = \frac{U}{X_C} \angle 90°$$

由基尔霍夫电流定律，可得出并联电路的电流相量方程为

$$\dot{I} = \dot{I}_R + \dot{I}_L + \dot{I}_C = \dot{U}\left(\frac{1}{R} - j\frac{1}{X_L} + j\frac{1}{X_C}\right) \tag{3-19}$$

$$= \dot{U}[G - j(B_L - B_C)] = \dot{U}Y$$

其中，$G = \frac{1}{R}$ 为电路的电导；$B_L = \frac{1}{X_L}$ 为电路的感纳；$B_C = \frac{1}{X_C}$ 为电路的容纳；$B = B_L - B_C$ 为电路的电纳。

图 3-23 所示为电压、电流的相量图。

电路复导纳为 $Y = G - j(B_L - B_C) = G - jB = |Y| \angle \psi_Y$，$|Y| = \sqrt{G^2 + B^2}$ 为复导纳的模，G、B_L、B_C、B、Y 的单位均为西门子（S），$\psi_Y = \arctan\frac{B_L - B_C}{G}$ 为导纳角。复导纳综合反映了电流与电压的大小及相位。

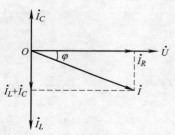

图 3-23 电压、电流的相量图

3.4.3 复阻抗与复导纳的等效互换

一个无源二端元件，不考虑其内部结构，可以用复阻抗 Z 表示，也可以用复导纳 Y 表示。

由 $\dot{I} = \frac{\dot{U}}{Z}$，$\dot{I} = Y\dot{U}$ 得

$$Y = \frac{1}{Z} \text{或} Z = \frac{1}{Y}$$

若已知 $Z = R + jX = |Z| \angle \varphi$，则其等效复导纳为

$$Y = \frac{1}{Z} = \frac{1}{R + jX} = \frac{R}{R^2 + X^2} - j\frac{X}{R^2 + X^2} = G - jB$$

或

$$Y = \frac{1}{Z} = \frac{1}{|Z| \angle \varphi} = \frac{1}{|Z|} \angle -\varphi = |Y| \angle -\varphi$$

则有 $|Y| = \frac{1}{|Z|}$，φ 的数值不变。

$$G = \frac{R}{R^2 + X^2}, \quad B = \frac{X}{R^2 + X^2}$$

当已知 $Y = G - jB = |Y| \angle -\varphi$ 时，其等效复阻抗为

$$Z = \frac{1}{Y} = \frac{1}{G - jB} = \frac{G}{G^2 + B^2} + j\frac{B}{G^2 + B^2} = R + jX$$

$$Z = \frac{1}{Y} = \frac{1}{|Y| \angle -\varphi} = \frac{1}{|Y|} \angle \varphi$$

则有 $|Z| = \dfrac{1}{|Y|}$，φ 的数值不变。

$$R = \frac{G}{G^2 + B^2}, \quad X = \frac{B}{G^2 + B^2}$$

以上说明复阻抗与复导纳在数值上互为倒数，幅角大小相等，符号相反，但其实部、虚部不互为导数，可由相应公式转换。

【例3-12】 已知 RLC 并联电路中，$R = 20\Omega$，$L = 0.1\mathrm{H}$，$C = 80\mu\mathrm{F}$，接在110V、50Hz的电源上，求支路电流、总电流，画出相量图。

解：取电压 u 为参考正弦量，其相量为 $\dot{U} = 110\angle 0°\mathrm{V}$

$$G = \frac{1}{R} = 0.05\mathrm{S}, \quad B_L = \frac{1}{X_L} = \frac{1}{2\pi fL} = \frac{1}{2 \times 3.14 \times 50 \times 0.1}\mathrm{S} \approx 0.0318\mathrm{S}$$

$$B_C = \frac{1}{X_C} = 2\pi fC = 2 \times 3.14 \times 50 \times 80 \times 10^{-6}\mathrm{S} \approx 0.0251\mathrm{S}$$

$$B = B_L - B_C = (0.0318 - 0.0251)\mathrm{S} = 0.0067\mathrm{S}$$

$$Y = G - jB = (0.05 - j0.0067)\mathrm{S} = 0.0504\angle -7.6°\mathrm{S}$$

$$\dot{I}_R = G\dot{U} = 0.05 \times 110\angle 0°\mathrm{A} = 5.5\angle 0°\mathrm{A}$$

$$\dot{I}_L = -jB_L\dot{U} = -j0.0318 \times 110\angle 0°\mathrm{A} = 3.5\angle -90°\mathrm{A}$$

$$\dot{I}_C = jB_C\dot{U} = j0.0251 \times 110\angle 0°\mathrm{A} = 2.76\angle 90°\mathrm{A}$$

$$\dot{I} = Y\dot{U} = 0.0504\angle -7.6° \times 110\angle 0°\mathrm{A} = 5.55\angle -7.6°\mathrm{A}$$

从例3-12可知，电导、电纳、导纳数值不大，至少取3位有效数字，不得随意省略，否则会引起很大误差。

相量图如图3-24所示。

【例3-13】 已知 $Z = (6 + j8)\Omega$，求等效复导纳。

解：
$$Y = \frac{1}{Z} = \frac{1}{6 + j8}\mathrm{S} = \left(\frac{6}{100} - j\frac{8}{100}\right)\mathrm{S}$$
$$= (0.06 - j0.08)\mathrm{S} = 0.1\angle -53.1°\mathrm{S}$$

可见　　　$Y = G - jB \neq \left(\dfrac{1}{6} - j\dfrac{1}{8}\right)\mathrm{S}$

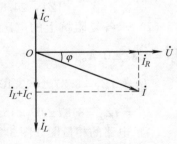

图3-24　相量图

3.5　复阻抗的串并联电路

3.5.1　复阻抗的串联电路

图3-25a所示为两个复阻抗串联电路，根据KVL，电路的总电压相量 $\dot{U}$ 等于各串联复阻

抗电压的相量和，即

$$\dot{U} = \dot{U}_1 + \dot{U}_2 = \dot{I}Z_1 + \dot{I}Z_2 = \dot{I}Z$$

等效复阻抗
$$Z = Z_1 + Z_2$$

但一般情况下 $|Z| \neq |Z_1| + |Z_2|$，即在交流电路中，复阻抗的模不等于各串联复阻抗模的和。

等效电路如图 3-25b 所示。

两个复阻抗串联时的分压公式为

$$\dot{U}_1 = \frac{Z_1}{Z_1 + Z_2} \dot{U}, \quad \dot{U}_2 = \frac{Z_2}{Z_1 + Z_2} \dot{U} \qquad (3-20)$$

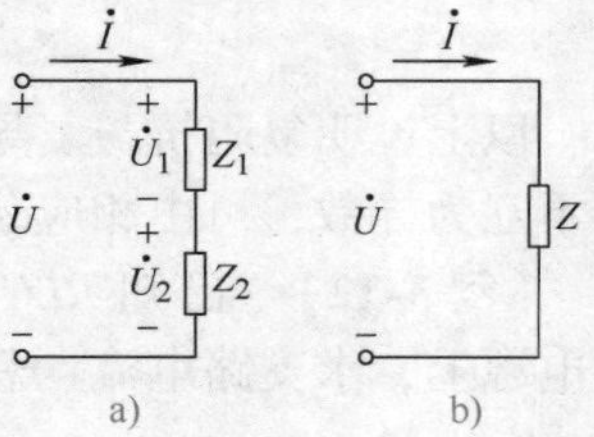

若有 n 个复阻抗串联，等效复阻抗为

$$Z = \sum_{k=1}^{n} Z_k = \sum_{k=1}^{n} R_k + \mathrm{j} \sum_{k=1}^{n} X_k = |Z| \angle \varphi \qquad (3-21)$$

式中
$$|Z| = \sqrt{(\sum R_k)^2 + (\sum X_k)^2}$$

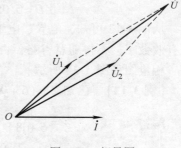

图 3-25　复阻抗串联电路

$$\varphi = \arctan \frac{\sum X_k}{\sum R_k}$$

在以上各式中 R_k、X_k 为各复阻抗的实部、虚部。

【例 3-14】　图 3-25a 的电路中各复阻抗分别是：$Z_1 = 10 \angle 60° \Omega$，$Z_2 = 15 \angle 45° \Omega$。电源电压为 220V。求：（1）电路中的电流 I；（2）各复阻抗上的电压；（3）画出电路的相量图。

解：电路总的复阻抗为

$$Z = Z_1 + Z_2 = (10 \angle 60° + 15 \angle 45°) \Omega$$
$$= (15.61 + \mathrm{j}19.27) \Omega = 24.8 \angle 51° \Omega$$

（1）电路中电流 I 为

$$I = \frac{U}{|Z|} = \frac{220}{24.8} \mathrm{A} \approx 8.87 \mathrm{A}$$

（2）求各复阻抗上的电压。设电路电流为参考相量，

即 $\dot{I} = 8.87 \angle 0° \mathrm{A}$。

$$\dot{U}_1 = \dot{I}Z_1 = 8.87 \angle 0° \times 10 \angle 60° \mathrm{V} = 88.7 \angle 60° \mathrm{V}$$

$$\dot{U}_2 = \dot{I}Z_2 = 8.87 \angle 0° \times 15 \angle 45° \mathrm{V} = 133.1 \angle 45° \mathrm{V}$$

（3）电路的相量图如图 3-26 所示。

图 3-26　相量图

3.5.2　复阻抗的并联电路

图 3-27a 所示为两个复阻抗的并联电路，根据 KCL，电路总电流的相量 $\dot{I}$ 等于各并联复阻抗支路的电流相量之和，即

$$\dot{I} = \dot{I}_1 + \dot{I}_2 = \frac{\dot{U}}{Z_1} + \frac{\dot{U}}{Z_2} = \dot{U}\left(\frac{1}{Z_1} + \frac{1}{Z_2}\right) = \frac{\dot{U}}{Z} \qquad (3-22)$$

式（3-22）表示两个复阻抗的并联可用一个等效复阻抗 Z 来代替，且有

$$\frac{1}{Z} = \frac{1}{Z_1} + \frac{1}{Z_2} \text{ 或 } Z = \frac{Z_1 Z_2}{Z_1 + Z_2}$$

等效复阻抗 Z 如图 3-27b 所示。

若 n 个复阻抗并联，则有 $\dfrac{1}{Z} = \sum\limits_{k=1}^{n} \dfrac{1}{Z_k}$

两个并联复阻抗的分流公式为

$$\dot{I}_1 = \frac{Z_2}{Z_1 + Z_2} \dot{I}, \quad \dot{I}_2 = \frac{Z_1}{Z_1 + Z_2} \dot{I} \qquad (3\text{-}23)$$

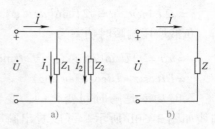

图 3-27　复阻抗并联电路

3.5.3　复阻抗混联电路

由复阻抗的串联和并联组合的电路称为混联电路。通常采用阻抗串联与并联的分析方法及相应公式，进行分析计算。

【例 3-15】　如图 3-28 所示，设 $Z_1 = j100\,\Omega$，$Z_2 = -j100\,\Omega$，$Z_3 = (100 + j100)\,\Omega$，$\dot{U} = 220\angle 0°\,V$，试求：（1）$\dot{I}$、$\dot{I}_2$、$\dot{I}_3$ 及 $\dot{U}_1$、$\dot{U}_2$；（2）画相量图。

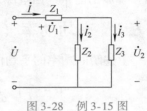

图 3-28　例 3-15 图

解：（1）$Z = Z_1 + Z_2 /\!/ Z_3 = \left[j100 + \dfrac{-j100 \times (100 + j100)}{-j100 + 100 + j100} \right]\Omega = 100\,\Omega$

各电流的相量分别是

$$\dot{I} = \frac{\dot{U}}{Z} = \frac{220}{100} \angle 0°\,A = 2.2\angle 0°\,A$$

$$\dot{I}_2 = \frac{Z_3}{Z_2 + Z_3} \dot{I} = \frac{100 + j100}{-j100 + 100 + j100} \times 2.2\angle 0°\,A = (2.2 + j2.2)\,A = 3.11\angle 45°\,A$$

$$\dot{I}_3 = \dot{I} - \dot{I}_2 = (2.2 - 2.2 - j2.2)\,A = 2.2\angle -90°\,A$$

各电压分别是

$$\dot{U}_1 = Z_1 \dot{I} = j100 \times 2.2\,V = 220\angle 90°\,V$$

$$\dot{U}_2 = (Z_2 /\!/ Z_3) \dot{I} = (100 - j100) \times 2.2\,V = 311\angle -45°\,V$$

（2）相量图如图 3-29 所示。

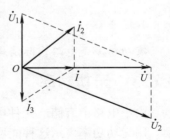

图 3-29　相量图

3.6　正弦交流电路的功率

在 3.3 节中，分析了单一元件交流电路的功率，本节将讨论一般交流负载情况下的功率。

3.6.1　瞬时功率

一般负载的交流电路如图 3-30a 所示。交流负载的端电压 u 和负载电流 i 之间存在相位差 φ。φ 的正负、大小由负载具体情况确定。因此，负载的端电压 u 和负载电流 i 之间的关系可表示为

$i = \sqrt{2}I\sin\omega t$, $u = \sqrt{2}U\sin(\omega t + \varphi)$

负载取用的瞬时功率为

$$p = u\,i = \sqrt{2}U\sin(\omega t + \varphi) \times \sqrt{2}I\sin\omega t$$
$$= UI\cos\varphi - UI\cos(2\omega t + \varphi)$$

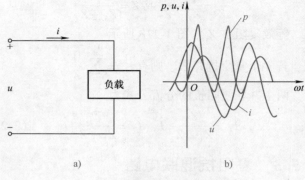

瞬时功率是随时间变化的，变化曲线如图 3-30b 所示。可以看出瞬时功率有时为正，有时为负。正值时，表示负载从电源吸收功率；负值时，表示从负载中的储能元件（电感、电容）释放出能量送回电源。

图 3-30 瞬时功率

3.6.2 有功功率（平均功率）和功率因数

上述瞬时功率的平均值称为平均功率，也叫有功功率，为

$$P = \frac{1}{T}\int_0^T p\,\mathrm{d}t = \frac{1}{T}\int_0^T \left[UI\cos\varphi - UI\cos(2\omega t + \varphi) \right]\mathrm{d}t = UI\cos\varphi \qquad (3\text{-}24)$$

式(3-24)表明，有功功率等于电路端电压有效值 U 和流过负载的电流有效值 I 的乘积，再乘以 $\cos\varphi$。

式(3-24)中 $\cos\varphi$ 称为功率因数。其值取决于电路中总的电压和电流的相位差，由于一个交流负载总可以用一个等效复阻抗或复导纳来表示，因此它的阻抗角决定电路中电压和电流的相位差，即 $\cos\varphi$ 中的 φ 是复阻抗的阻抗角。

由上述分析可知，在交流负载中只有电阻部分才消耗能量。在 RLC 串联电路中电阻 R 是耗能元件，则有 $P = U_R I = I^2 R$；在 RLC 并联电路中电阻 R 是耗能元件，则有 $P = UI_R = \dfrac{U^2}{R}$。这些计算公式在分析计算时常用。

 小提示

有功功率是电路实际消耗的功率，可以用功率表测量。

3.6.3 无功功率

由于电路中有储能元件电感和电容，它们虽不消耗功率，但与电源之间要进行能量交换。用无功功率表示这种能量交换的规模，用 Q 表示，对于任意一个无源二端网络的无功功率可定义为

$$Q = UI\sin\varphi \qquad (3\text{-}25)$$

式(3-25)中的 φ 为电压和电流的相位差，也是电路等效复阻抗的阻抗角。对于感性电路，$\varphi > 0$，则 $\sin\varphi > 0$，无功功率 Q 为正值；对于容性电路，$\varphi < 0$，则 $\sin\varphi < 0$，无功功率 Q 为负值。当 $Q > 0$ 时，为吸收无功功率；当 $Q < 0$ 时，则为发出无功功率。

电路中既有电感元件又有电容元件时，无功功率相互补偿，它们在电路内部先相互交换一部分能量，不足的部分再与电源进行能量交换，则无源二端网络的无功功率为

$$Q = Q_L - Q_C \qquad (3\text{-}26)$$

式（3-26）表明，二端网络的无功功率是电感元件的无功功率与电容元件无功功率的代数和。Q 为一代数量，可正可负，单位为 var。

3.6.4 视在功率

在交流电路中，端电压与电流的有效值乘积称为视在功率，又称容量，用 S 表示，即

$$S = UI \tag{3-27}$$

视在功率的单位为伏安（V·A）或千伏安（kV·A）。

虽然视在功率 S 具有功率的单位，但它与有功功率和无功功率是有区别的。视在功率 S 通常用来表示电气设备的容量。容量说明了电气设备可能转换的最大功率。电源设备如变压器、发电机等所发出的有功功率与负载的功率因数有关，不是一个常数，因此电源设备通常只用视在功率表示其容量。

交流电气设备的容量按照预先设计的额定电压和额定电流来确定，用额定视在功率 S_N 来表示，即

$$S_N = U_N I_N$$

交流电气设备应在额定电压 U_N 下工作，因此电气设备允许提供的电流为

$$I_N = \frac{S_N}{U_N}$$

可见设备的运行要受 U_N 和 I_N 的限制。

综上所述，有功功率 P、无功功率 Q、视在功率 S 之间存在如下关系：

$$P = UI\cos\varphi = S\cos\varphi$$

$$Q = UI\sin\varphi = S\sin\varphi$$

$$S = \sqrt{P^2 + Q^2} = UI$$

$$\varphi = \arctan\frac{Q}{P}$$

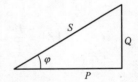

显然，S、P、Q 构成一个直角三角形，如图 3-31 所示。此三角称为功率三角形，它与同电路的电压三角形、阻抗三角形相似。

图 3-31 功率三角形

3.6.5 复功率

由上述可知，二端网络的有功功率、无功功率和视在功率存在联系，为了方便功率的计算，引入了复功率。为了区别一般的复数和相量，用 $\widetilde{S}$ 表示复功率，即为

$$\begin{aligned}
\widetilde{S} &= P + jQ = UI\cos\varphi + jUI\sin\varphi \\
&= UI\angle\varphi = UI\angle(\psi_u - \psi_i) = U\angle\psi_u \times I\angle-\psi_i \\
&= \dot{U}\dot{I}^*
\end{aligned} \tag{3-28}$$

其中，$\dot{I}^*$ 为电流相量 $\dot{I}$ 的共轭复数。复功率的单位也用伏安（V·A）。复功率 $\widetilde{S}$ 不代表正弦量，也无物理意义，它只是一个辅助计算功率的复数。

显然，正弦交流电路中总的有功功率是电路中各部分有功功率之和。总的无功功率是电路各部分无功功率之和，即有功功率和无功功率分别守恒。电路中的复功率也守恒，但视在

功率不守恒，用公式表示如下：

$$P = P_1 + P_2 + \cdots$$
$$Q = Q_1 + Q_2 + \cdots$$
$$S \neq S_1 + S_2 + \cdots$$
$$S = \sqrt{P^2 + Q^2}, \quad \cos\varphi = \frac{P}{S}$$
$$\tilde{S} = \tilde{S}_1 + \tilde{S}_2 + \cdots$$

【例3-16】 已知电路的阻抗 $Z = (6 + j8)\,\Omega$，外加电压为 $\dot{U} = 220\angle 0°\mathrm{V}$。试求该电路的有功功率、无功功率、视在功率和功率因数。

解：由

$$\dot{I} = \frac{\dot{U}}{Z} = \frac{220}{10}\angle(0° - 53.1°)\mathrm{A} = 22\angle -53.1°\mathrm{A}$$
$$P = I^2 R = 22^2 \times 6\mathrm{W} = 2904\mathrm{W}$$
$$Q = I^2 X_L = 22^2 \times 8\mathrm{var} = 3872\mathrm{var}$$
$$S = UI = 220 \times 22\mathrm{V \cdot A} = 4840\mathrm{V \cdot A}$$
$$\cos\varphi = \cos 53.1° = 0.6$$

【例3-17】 图3-32 所示为三表法测线圈参数。已知电压表读数为220V，电流表读数为5A，功率表读数为800W，电源频率为50Hz。求线圈的等效电阻 R 和电感 L。

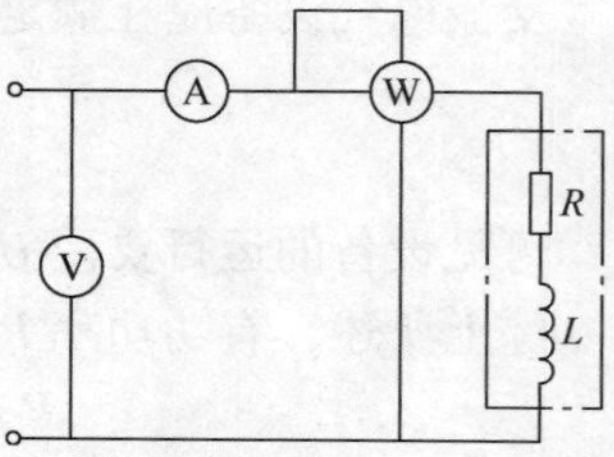

解：由 $P = I^2 R$ 得

图3-32　例3-17图

$$R = \frac{P}{I^2} = \frac{800}{25}\Omega = 32\Omega$$

$$|Z| = \frac{U}{I} = \frac{220}{5}\Omega = 44\Omega, \quad X_L = \sqrt{|Z|^2 - R^2} = \sqrt{44^2 - 32^2}\,\Omega = 30.2\Omega$$

$$L = \frac{X_L}{2\pi f} = \frac{30.2}{2 \times 3.14 \times 50}\mathrm{H} = 0.1\mathrm{H}$$

3.7　功率因数的提高

3.7.1　提高功率因数的意义

在交流电力系统中，负载多为感性元件。例如常用的感应电动机、照明荧光灯等，接上电源时，负载除了要从电源取得有功功率外，还要从电源取得建立磁场的能量，并与电源做周期性的能量交换。在交流电路中，负载从电源接受的有功功率为 $P = S\cos\varphi$，因此运行中的电源设备发出的有功功率还取决于负载的功率因数。功率因数低会引起下列不良影响：

1）负载的功率因数低，使电源设备的容量不能充分利用。电源设备如发电机、变压器等是按照它的额定电压与额定电流设计的。例如一台容量为100kV·A、额定电压为220V的单相变压器，若负载的功率因数为1，则供给负载的有功功率为100kW；若从变压器向功率因数仅为0.1的负载供电，则有功功率仅为 $P = S\cos\varphi = 100 \times 0.1\mathrm{kW} = 10\mathrm{kW}$。两种负载情况下，变压器发出了同样的电压和电流，而有功功率相差10倍。显然功率因数越低，发电设备发出的视在功率就不能较多地形成有功功率供给负载，这样发电设备的能力就不能得到充分利用。

2）在一定的电压下向负载输送一定的有功功率时，负载的功率因数越低，输电线路的电压降和功率损失越大。由 $I=P/(U\cos\varphi)$ 得，在 P、U 一定时，$\cos\varphi$ 越小时，电流 I 必然增大。当电流 I 增大后，线路上的电压降也要增大，在电源电压一定时，负载的端电压将减小，这要影响负载的正常工作。同时，电流增加，线路中的功率损耗也要增加。从以上分析可知，提高功率因数具有重要意义。我国电力部门规定电力用户功率因数不应低于 0.9。

3.7.2 提高功率因数的方法

可采用两端并联电容来提高整个电路的功率因数，使电感中的磁场能量与电容的电场能量交换，从而减少电源与负载间的能量互换。具体电路及各电量相量关系如图 3-33a 所示。在并联电容前，电路中的电流 $\dot I$ 就是感性负载电流 $\dot I_L$，这时电路的功率因数是 $\cos\varphi_L$；并联电容后，电源电压 $\dot U$ 一定，感性负载中电流不变，电容支路中电流超前 $\dot U\ \pi/2$。电路中的电流不再是 $\dot I_L$，而是 $\dot I_L$ 与 $\dot I_C$ 的相量和 $\dot I$。电流 $\dot I$ 滞后电压 $\dot U$ φ。从图 3-33b 可知电流 I 比 I_L 小，即电路中总电流减小了，电流 $\dot I$ 与电压 $\dot U$ 之间的相位差 φ 减小了，因此功率因数提高了。由于电容不消耗能量，因此并联电容后，有功功率并不改变。

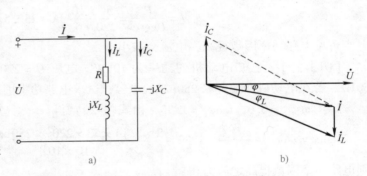

图 3-33　感性负载与电容并联电路

由图 3-33b 可得

$$I_C = I_L\sin\varphi_L - I\sin\varphi = \frac{P}{U\cos\varphi_L}\sin\varphi_L - \frac{P}{U\cos\varphi}\sin\varphi = \frac{P}{U}(\tan\varphi_L - \tan\varphi)$$

因为

$$I_C = \frac{U}{X_C} = \omega CU = \frac{P}{U}(\tan\varphi_L - \tan\varphi)$$

得

$$C = \frac{P}{\omega U^2}(\tan\varphi_L - \tan\varphi) \qquad (3\text{-}29)$$

式（3-29）说明，将原有功率因数 $\cos\varphi_L$ 提高到新的功率因数 $\cos\varphi$ 所需并联的电容量 C 的计算方法。如果电容选择适当，还可以使 $\varphi=0$，即 $\cos\varphi=1$。但是电容太大，也会使 I_C 过大，这时总电流相量 $\dot I$ 超前电压相量 $\dot U$，造成过补偿。过补偿太大，又可使功率因数变低。因此，必须合理地选择补偿电容的电容量。

👆 小提示

供电部门对不同的用电大户，规定功率因数的指标分别为 0.9、0.85 或 0.8。凡功率因数达不到指标的新用户，供电部门可拒绝供电。凡实际月平均功率因数超过或低于指标的用户，供电部门可按一定的百分比减收或增收电费。对长期低于指标又不增加无功补偿设备的用户，供电部门可停止或限制供电。

【例 3-18】 一台工频变压器，额定容量为 $100kV \cdot A$，输出额定电压为 220V，供给一组感性负载，其功率因数为 0.5。要使功率因数提高到 0.9，求所需的电容量为多少？电容并联前，变压器满载。问并联电容前、后输出电流各为多少。

解：
$$P_N = S_N \cos\varphi_L = 100 \times 0.5kW = 50kW$$
$$\cos\varphi_L = 0.5 , \tan\varphi_L = 1.732$$
$$\cos\varphi = 0.9 , \tan\varphi = 0.484$$
$$U = 220V , \omega = 2\pi f = 314 rad/s$$

可得
$$C = \frac{P}{\omega U^2}(\tan\varphi_L - \tan\varphi) = \frac{50 \times 10^3 \times (1.732 - 0.484)}{314 \times 220^2}F \approx 4105.9\mu F$$

并联电容前，变压器输出电流为
$$I = I_L = \frac{P}{U\cos\varphi_L} = \frac{50 \times 10^3}{220 \times 0.5}A \approx 454.5A$$

并联电容后，变压器输出电流为
$$I = \frac{P}{U\cos\varphi} = \frac{50 \times 10^3}{220 \times 0.9}A \approx 252.5A$$

可见电路功率因数提高，电流会减小。

【例 3-19】 已知电动机的功率为 10kW，电压 $U = 220V$，功率因数 $\cos\varphi_L = 0.6$，$f = 50Hz$。若在电动机两端并联 $250\mu F$ 的电容，试求电路功率因数能提高到多少。

解：$\cos\varphi_L = 0.6$，$\tan\varphi_L = 1.33$，由式（3-29）得
$$\tan\varphi = \tan\varphi_L - \frac{\omega U^2 C}{P} = 1.33 - \frac{2 \times 3.14 \times 50 \times 220^2 \times 250 \times 10^{-6}}{10 \times 10^3} = 1.33 - 0.38 = 0.95$$

则电路功率因数提高之后为 0.72。

3.8 电路的谐振

含有电感和电容的无源二端网络，在一定条件下，电路呈现电阻性，即网络的电压与电流为同相位，这种工作状态称为谐振。在工程技术中，对工作在谐振状态下的电路常称为谐振电路。谐振电路在电子技术中有着广泛的应用。例如在收音机和电视机中，利用谐振电路的特性来选择所需的电台信号，抑制某些干扰信号。在电子测量仪器中，利用谐振电路的特性来测量线圈和电容的参数等。

RLC 串联电路发生的谐振现象称为串联谐振，RLC 并联电路及感性负载与电容并联电路发生的谐振称为并联谐振。本节重点讨论串联谐振电路和感性负载与电容并联的并联谐振电路。

3.8.1 RLC 串联谐振

图 3-34 所示为 RLC 串联电路，在角频率为 ω 的正弦电压作用下，该电路的复阻抗为
$$Z = \sqrt{R^2 + (X_L - X_C)^2} \angle \arctan\frac{X_L - X_C}{R} = |Z| \angle \varphi$$

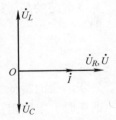

图 3-34 串联谐振电路

其中 $\varphi = \arctan \dfrac{\omega L - \dfrac{1}{\omega C}}{R}$

由以上分析可见，串联电路发生谐振的条件是

$$X_L = X_C, \ \text{即} \ \omega L = \frac{1}{\omega C}$$

在电路参数 L、C 一定时，调节电源的频率使电路发生谐振时的角频率称为谐振角频率，用 ω_0 表示，则有

$$\omega_0 = \frac{1}{\sqrt{LC}} \tag{3-30}$$

相应的谐振频率为

$$f_0 = \frac{\omega_0}{2\pi} = \frac{1}{2\pi\sqrt{LC}} \tag{3-31}$$

由式（3-31）可知，串联电路的谐振角频率和谐振频率取决于电路本身的参数，是电路所固有的，也称电路的固有角频率和固有频率。因此，当外加信号电压的频率等于电路的固有频率时，电路发生谐振。

在实际工作中，为了使电路对某频率的信号发生谐振，可以通过调节电路参数（L 或 C）使电路的固有频率和该信号频率相同。例如，收音机通过改变可变电容的方法，使接收电路对某一电台的发射频率发生谐振，从而接收到该电台的广播节目。

RLC 串联电路处于谐振状态时，其特点有：

1）电路复阻抗 Z 等于电路中的电阻 R，复阻抗的模达到最小值，即 $|Z| = R$。

2）在一定电压 U 作用下，电路中的电流 I 达到最大值，用 I_0 表示，称为谐振电流，$I_0 = U/R$。

3）串联谐振时，各元件上的电压分别为

$$U_R = I_0 R = \frac{U}{R}R = U \ （电阻上的电压就是电源电压 U）$$

$$U_L = U_C = I_0 X_L = I_0 X_C = \frac{\omega_0 L}{R}U = \frac{1}{\omega_0 CR}U$$

取 $Q_P = \dfrac{\omega_0 L}{R} = \dfrac{1}{\omega_0 CR}$，称为谐振电路的品质因数。$Q_P$ 是一个仅与电路参数有关的常数。由于一般线圈的电阻较小，因此，Q_P 值往往很高。质量较好的线圈，Q_P 值可高达 200～300。即使外加电压不高，谐振时电感或电容的端电压仍然会很高。因此，串联谐振也称电压谐振。

串联谐振时的电压、电流相量图如图 3-35 所示。

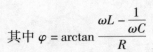

图 3-35 串联谐振时的电压、电流相量图

【例 3-20】 一 RLC 串联电路，已知 $R = 4\Omega$，$L = 300\text{mH}$，$C = 3.38\mu\text{F}$，电源电压为 1V。试计算 f_0、I_0、Q_P 以及谐振时各个元件的电压、电路消耗的功率。

解： $f_0 = \dfrac{1}{2\pi\sqrt{LC}} = \dfrac{1}{2 \times 3.14 \times \sqrt{30 \times 10^{-3} \times 3.38 \times 10^{-6}}}\text{Hz} = 500\text{Hz}$

$$I_0 = \frac{U}{R} = \frac{1}{4}A = 0.25A$$

$$\rho = \omega_0 L = 2\pi f_0 L = 2 \times 3.14 \times 500 \times 30 \times 10^{-3}\Omega = 94.2\Omega$$

$$Q_P = \frac{\rho}{R} = \frac{94.2}{4} = 23.55$$

$$U_R = U = 1V$$

$$U_L = U_C = Q_P U = 23.55V$$

$$P = UI = 0.25W$$

3.8.2　并联电路的谐振

串联谐振电路适用于电源低内阻的情况。如果电源内阻很大，采用串联谐振电路将严重地降低回路的品质因数，从而使电路的选择性变坏，因此宜采用并联谐振电路。

实际应用中采用电感线圈和电容组成并联谐振电路。在不考虑电容的介质损耗时，该并联装置的电路模型如图 3-36a 所示。电路的复导纳为

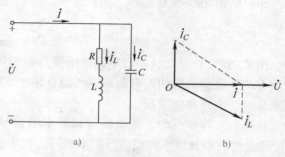

图 3-36　感性负载与电容并联电路

$$Y = \frac{1}{R + j\omega L} + j\omega C = \frac{R}{R^2 + (\omega L)^2} - j\frac{\omega L}{R^2 + (\omega L)^2} + j\omega C$$

电路发生谐振时，复导纳的虚部应为零，即

$$C = \frac{L}{R^2 + (\omega L)^2}$$

电路谐振时，谐振角频率为

$$\omega_0 = \sqrt{\frac{1}{LC} - \left(\frac{R}{L}\right)^2}$$

当线圈电阻 R 很小时，R/L 可忽略，则谐振角频率 ω_0 与前面介绍的是一致的。

并联电路的品质因数 Q_P 仍定义为在谐振时电路的感抗值或容抗值与电路总电阻的比值，即

$$Q_P = \frac{\omega_0 L}{R} = \frac{1}{\omega_0 CR}$$

并联谐振的特征为：

谐振时，电路阻抗为纯电阻性，电路端电压与电流同相。

谐振时，电路阻抗为最大值，电路电流最小。

谐振阻抗模值为

$$|Z_0| = \frac{L}{RC}$$

其值一般为几十至几百千欧。

$$I_0 = \frac{U}{|Z_0|}$$

$|Z_0|$ 最大，I_0 最小。

谐振时，电感支路的电流与电容支路的电流近似相等并为电路总电流的 Q_P 倍。

电感支路和电容支路的电流分别为

$$I_{C0} = \frac{U_0}{\frac{1}{\omega_0 C}} = I_0 Q_P$$

$$I_{L0} = \frac{U_0}{\sqrt{R^2 + (\omega_0 L)^2}} \approx \frac{U_0}{\omega_0 L} = Q_P I_0$$

由于 $Q_P \gg 1$，则 $I_{C0} = I_{L0} \gg I_0$，因此并联谐振又称为电流谐振。

图 3-36b 为并联谐振电路电压、电流的相量图。

【例 3-21】 由 $R = 40\Omega$、$L = 16\text{mH}$ 的电感线圈和 $C = 100\text{pF}$ 的电容组成并联谐振电路。求谐振角频率、电路的品质因数。若电源采用 $\dot{I}_S = 1\angle 0°\text{mA}$ 的电流源供电，求通过电容的电流。

解： $X_L = \sqrt{\frac{L}{C}} = \sqrt{\frac{16 \times 10^{-3}}{100 \times 10^{-12}}}\Omega = \sqrt{160 \times 10^6}\,\Omega = 12.6\text{k}\Omega$

电路满足 $R \ll X_L$ 的条件，故谐振角频率为

$$\omega_0 \approx \frac{1}{\sqrt{LC}} = \frac{1}{\sqrt{16 \times 10^{-3} \times 100 \times 10^{-12}}}\text{rad/s} = 790.6 \times 10^3\text{rad/s}$$

$$Q_P = \frac{\omega_0 L}{R} = \frac{12600}{40} \approx 315$$

$$I_C = QI_S = 315 \times 1 \times 10^{-3}\text{A} = 0.315\text{A}$$

本章小结

正弦交流电是大小和方向按正弦规律变化的交流电，在任一时刻的瞬时值 i 或 u 是由幅值、角频率和初相这三个特征量即正弦量的三要素确定的。可以用瞬时值三角函数式、正弦波形图、相量式及相量图 4 种方式来表示正弦交流电。4 种表达方式各有所长，应根据具体情况而定，但最常用的是相量表示法。

由于正弦交流电频率一定，只要确定幅值和初位，就能确定瞬时值。因此，用具有幅值和初相的相量（复数）即可表示正弦量的瞬时值。在电工技术中常用有效值表示正弦量的大小。正弦量有效值的相量形式表示为

$$\dot{I} = I\angle\varphi = Ie^{j\varphi}$$

正弦量用相量表示后，就可以根据复数的运算关系来进行运算，即将正弦量的和、差运算换成复数的和、差运算。

相量还可以用相量图表示。相量图能形象、直观地表示各电量的大小和相位关系，并可以应用相量图的几何关系求解电路。只有同频率正弦量才能画在同一个相量图中。

相量与正弦量之间是一一对应关系，它们之间是一种表示关系，而不是相等关系。

单一参数的交流电路是交流电路分析的基础。电阻、电感和电容的交流电路的电压和电流关系在表 3-1 中进行了小结。

表 3-1 电阻、电感和电容的交流电路的电压和电流的关系

电路元件		电阻 R	电感 L	电容 C
元件性质		耗能元件，电能与热能间转换	储能元件，电能与磁场能间转换	储能元件，电能与电场能间转换
频率特性		R 与频率无关	感抗与频率成正比	容抗与频率成反比
电压与电流的关系	瞬时值	$u_R = iR$	$u_L = L\dfrac{\mathrm{d}i}{\mathrm{d}t}$	$i = C\dfrac{\mathrm{d}u_C}{\mathrm{d}t}$
	有效值	$U_R = IR$	$U_L = IX_L$	$U_C = X_C I$
	相量关系	$\dot{U}_R = \dot{I}R$	$\dot{U}_L = \mathrm{j}\dot{I}X_L$	$\dot{U}_C = -\mathrm{j}\dot{I}X_C$
有功功率		$P = UI = I^2 R$	0	0
无功功率		0	$Q_L = I^2 X_L$	$Q_C = U_C I = I^2 X_C$

在分析 RLC 串联电路时，由 KVL 的相量形式可导出相量形式的欧姆定律，即 $\dot{U} = \dot{I}Z$。阻抗 Z 是推导出的参数，它表示为

$$Z = \frac{\dot{U}}{\dot{I}} = R + \mathrm{j}X = |Z| \angle \varphi$$

其中，R 为电路的电阻，$X = X_L - X_C$ 为电路的电抗，复阻抗的模 $|Z|$ 称为电路的总阻抗。其辐角 φ 称为阻抗角，也是电路总电压与电流之间的相位差。$|Z|$、φ 与电路参数的关系为

$$|Z| = \sqrt{R^2 + X^2}, \quad \varphi = \arctan\frac{X}{R}$$

它们之间的数值关系可用阻抗三角形来表示。

当 $\varphi > 0$ 时，电路呈感性；当 $\varphi < 0$ 时，电路呈容性；当 $\varphi = 0$ 时，电路呈阻性，此时电路发生串联谐振。

正弦交流电路吸收的有功功率用 P 来表示，$P = UI\cos\varphi$，$\cos\varphi$ 称为功率因数。

反映电路与电源之间能量交换规模的物理量用无功功率 Q 来表示，$Q = UI\sin\varphi$。电感的 Q 为正数，电容的 Q 为负数。

视在功率 $S = UI = \sqrt{P^2 + Q^2}$。$P$、$Q$ 与 S 的关系可用功率三角形来表示。

功率因数 $\cos\varphi$ 的大小取决于负载本身的性质。提高电路的功率因数对充分发挥电源设备的潜力，减少电路的损耗有重要意义。在感性负载两端并联适当的电容可以提高电路的功率因数。并联电容后，负载的端电压和负载吸收的有功功率不变，而电路中电流的无功功率减少了，总电流也减少了。

在含有电感和电容元件的电路中，总电压相量和总电流相量同相时，电路发生谐振。按发生谐振的电路不同，可分为串联谐振和并联谐振。

RLC 串联谐振时，电路阻抗最小，电流最大，谐振频率为 $f_0 = \dfrac{1}{2\pi\sqrt{LC}}$，电路呈阻性，品质因数 $Q_P = \dfrac{\omega_0 L}{R} = \dfrac{1}{\omega_0 CR}$，$U_L = U_C = Q_P U$，因此串联谐振又称为电压谐振。

感性负载与电容并联谐振时，电路阻抗最大，总电流最小，电路呈阻性，$I_{C0} = I_{L0} = Q_P I_0$，因此并联谐振又称为电流谐振。

无论是串联谐振还是并联谐振，电源提供的能量全部是有功功率，并全被电阻所消耗。无功能量互换仅在电感与电容之间进行。

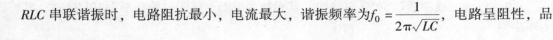

习　题

3.1　今有一正弦交流电压 $u = 311\sin\left(314t + \dfrac{\pi}{4}\right)$V。求：（1）角频率、频率、周期、幅值和初相；（2）当 $t = 0$ 时，u 的值；（3）当 $t = 0.01\mathrm{s}$ 时，u 的值。

3.2　判断下列各组正弦量哪个超前？哪个滞后？相位差为多少？

（1）$i_1 = 8\sin(\omega t + 60°)\mathrm{A}$，$i_2 = 12\sin(\omega t + 75°)\mathrm{A}$

（2）$u_1 = 120\sin(\omega t - 45°)\mathrm{V}$，$u_2 = 220\sin(\omega t + 120°)\mathrm{V}$

（3）$u_1 = U_{1m}\sin(\omega t - 30°)\mathrm{V}$，$u_2 = U_{2m}\sin(\omega t - 70°)\mathrm{V}$

3.3　将下列各正弦量用相量形式表示。

（1）$u = 110\sin 314t\,\mathrm{V}$　　　　　　　（2）$u = 20\sqrt{2}\sin(628t - 30°)\mathrm{V}$

（3）$i = 5\sin(100\pi t - 60)\mathrm{A}$　　　　　（4）$i = 50\sqrt{2}\sin(1000t + 90°)\mathrm{A}$

3.4　把下列各电压相量和电流相量转换为瞬时值函数式（设 $f = 50\mathrm{Hz}$）。

（1）$\dot{U} = 100\mathrm{e}^{\mathrm{j}30°}\mathrm{V}$，$\dot{I} = 5\mathrm{e}^{-\mathrm{j}45°}\mathrm{A}$

（2）$\dot{U} = 200\angle 45°\mathrm{V}$，$\dot{I} = \sqrt{2}\angle -30°\mathrm{A}$

（3）$\dot{U} = (60 + \mathrm{j}80)\mathrm{V}$，$\dot{I} = (-1 + \mathrm{j}2)\mathrm{A}$

3.5　指出下列各式的错误，并加以改正。

（1）$u = 100\sin(\omega t - 30°)\mathrm{V} = 100\mathrm{e}^{-\mathrm{j}30°}\mathrm{V}$

（2）$I = 10\angle 45°\mathrm{A}$

（3）$\dot{I} = 20\mathrm{e}^{60°}\mathrm{A}$

3.6　试求下列两正弦电压之和 $u = u_1 + u_2$ 及之差 $u = u_1 - u_2$，并画出对应的相量图。

$$u_1 = 100\sqrt{2}\sin\left(\omega t + \dfrac{\pi}{3}\right)\mathrm{V},\ u_2 = 150\sqrt{2}\sin(\omega t - 30°)\mathrm{V}$$

3.7　如图 3-37 所示的相量图，已知 $U = 100\mathrm{V}$，$I_1 = 5\mathrm{A}$，$I_2 = 5\sqrt{2}\mathrm{A}$，角频率为 $628\mathrm{rad/s}$，试写出各正弦量的瞬时值表达式及相量。

3.8　在 50Ω 的电阻两端加上 $u = 50\sqrt{2}\sin(1000t + 30°)\mathrm{V}$ 的电压，写出通过电阻的电流瞬时值表达式，并求电阻消耗功率的大小，画出电压和电流的相量图。

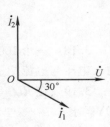

图 3-37　习题 3.7 图

3.9　已知一线圈通过50Hz电流时，其感抗为10Ω，试问电源频率为10kHz时，其感抗为多少？

3.10　具有80mH电感的电路中，外加电压$u = 170\sin314t$V，选定u、i参考方向一致时，写出电流的解析式、电感的无功功率，并画出电流与电压的相量图。

3.11　20μF的电容，接在电压为$u = 600\sin314t$V的电源上，写出电流的瞬时值表达式，算出无功功率并画出电压与电流的相量图。

3.12　如图3-38所示电路中，电压表V_1、V_2、V_3的读数都是60V，试求电路中电压表V的读数。

3.13　已知一电阻和电感串联电路，接到$u = 220\sqrt{2}\sin(314t + 30°)$V的电源上，电流$i = 5\sqrt{2}\sin(314t - 15°)$A，试求电阻$R$、电感$L$、有功功率$P$。

3.14　荧光灯的等效电路如图3-39所示，已知灯管电阻$R_1 = 280\Omega$，镇流器的电阻$R = 20\Omega$，电感$L = 1.65$H，电源电压为220V，频率为50Hz，求电路电流I及U_1、U_2。

3.15　电阻$R = 30\Omega$，电感$L = 4.78$mH的串联电路接到$u = 220\sqrt{2}\sin(314t + 30°)$V的电源上，求$i$、$P$、$Q$及$S$。

3.16　如图3-40所示，如果电容$C = 0.1$μF，输入电压$U_1 = 10$V，$f = 50$Hz，要使输出电压U_2较输入电压U_1滞后60°，问输出电压U_2及电阻应为多少？

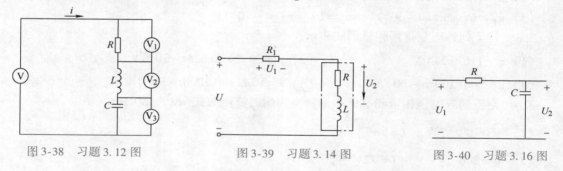

图3-38　习题3.12图　　　　图3-39　习题3.14图　　　　图3-40　习题3.16图

3.17　如图3-41所示电路中，根据3个分图的条件，试分别求出A_0表和V_0表上的读数，并画出相量图。

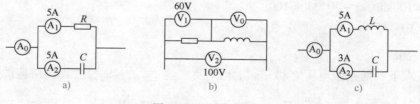

图3-41　习题3.17图

3.18　一个100Ω的电阻、一个20μF的电容与一个2H的电感串联，电源频率为多少时，电压与电流相量的相位差为30°？

3.19　在RLC串联电路中，已知电路电流$I = 1$A，各电压为$U_R = 15$V，$U_L = 60$V，$U_C = 80$V。求：

（1）电路总电压U。

（2）有功功率 P、无功功率 Q 及视在功率 S。

（3）R、X_L、X_C。

3.20 在 RLC 串联电路中，已知外加电压 $u = 220\sqrt{2}\sin 314t\text{V}$，当电流 $I = 10\text{A}$ 时，电路功率 $P = 200\text{W}$，$U_C = 80\text{V}$，试求电阻 R、电感 L、电容 C 及功率因数。

3.21 在电感 $L = 0.13\text{mH}$、电容 $C = 588\text{pF}$、电阻 $R = 10\Omega$ 所组成的串联电路中，已知电源电压 $U_S = 5\text{mV}$。试求电路谐振时的频率、电路中的电流、电感和电容上的电压、电路的品质因数。

3.22 一电感线圈与电容串联电路，已知电感 $L = 0.1\text{H}$，当电源频率为 50Hz 时，电路中电流为最大值 $I_0 = 0.5\text{A}$，而电容上电压为电源电压的 30 倍，求电容值、电感线圈的电阻值以及电容两端的电压。

3.23 如图 3-42 所示电路在谐振时，$I_1 = I_2 = 5\text{A}$，$U = 50\text{V}$，求 R、X_L 及 X_C。

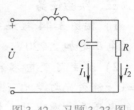

图 3-42 习题 3.23 图

电路仿真

荧光灯电路通常由镇流器、辉光启动器和荧光灯管组成。辉光启动器和荧光灯管并联，然后串联镇流器，为感性电路。在工程上需要利用电感、电容无功功率的互补特性，通过在感性负载端并联电容来提高电路的功率因数。接入电容后不会改变荧光灯的工作状态，仅利用电容发出的无功功率，部分或全部地补偿电路中感性负载所吸收的无功功率，从而减轻电源和传输系统的无功功率的负担。

Multisim 电路仿真如图 3-43 所示，当增大可变电容的数值

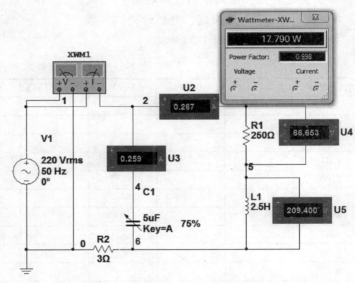

图 3-43 荧光灯功率因数提高的仿真电路

至 $3.75\mu\text{F}$ 时，负载得到的最大功率因数为 0.998，输出功率为 17.790W，当继续增大电容量时出现补偿过度现象，功率因数开始减小，负载功率减小。

技能训练3 荧光灯电路和功率因数的提高

一、实验目标

1）了解荧光灯电路的组成及基本工作原理，掌握其安装方法。

2）研究并联于感性负载的电容 C 对提高功率因数的影响。

二、实验设备（型号、规格同前）

交流电压表　　　　　一块

交流电流表　　　　　一块

功率表　　　　　　　一块

电容箱　　　　　　　一个

荧光灯套件　　　　　一套

三、实验任务

1）按图 3-44 接线并经检查后接通电源，电压增加至 220V。

2）改变可变电容箱的电容值，先使 $C=0$，测荧光灯单元（灯管、镇流器）两端的电压及电源电压，读取此时的电流及功率表读数 P。

3）逐渐增加电容 C 的数值，测量各支路的电流和总电流。当电容值超过 $6\mu F$ 时，会出现过补偿，请同学们仔细观察。

4）绘出 $I=f(C)$ 的曲线，分析讨论。

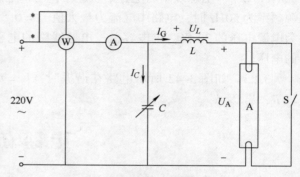

图 3-44　荧光灯电路

四、实验结果（见表 3-2）

表 3-2　荧光灯电路参数

电容 $C/\mu F$	总电压 U/V	U_L/V	U_A/V	总电流 I/mA	功率 P/W	$\cos\varphi$	相位 $\varphi/(°)$
0							
0.47							
1.00							
1.47							
2.00							
3.00							
4.00							
4.47							
5.00							
5.47							
6.00							
7.00							
8.00							

五、实验报告

1）完成上述数据测试，并记录在表 3-2 中。

2）绘出总电流 $I=f(C)$ 曲线，并分析讨论。

3）提高功率因数的意义何在？为什么并联电容能提高功率因数？并联的电容 C 是否越大越好？

第4章 三相交流电路及其应用

1）掌握三相电路中三相电源的连接及线电压、相电压的关系；三相负载的连接及线电流、相电流的关系。

2）掌握对称和不对称三相电路的分析与计算。

3）熟悉并掌握三相电路的安装和测量。

技能要求

1）掌握三相电源星形联结和三角形联结的接线方式。

2）掌握三相电路电压、电流测量方法，功率表的连接和读数方法。

3）掌握三相电路中测量功率的电路连接方法。

4.1 对称三相电源

4.1.1 三相电源的知识

1. 三相电动势的产生

三相正弦交流电是由三相交流发电机产生的。如图 4-1 所示，在三相交流发电机中，若定子中放 3 个绕组：A→X、B→Y、C→Z，由首端（起始端）指向末端，三个绕组空间位置各差 120°，转子装有磁极并以 ω 的速度旋转，则在三个绕组中产生 3 个单相电动势。三个完全相同的绕组，每一个绕组称为一相，合称三相绕组。三相绕组的始端分别用 A、B、C 表示，末端分别用 X、Y、Z 表示，分别称为 A 相、B 相和 C 相绕组。

2. 对称三相电源电压

振幅相等、频率相同，在相位上彼此相差 120° 的 3 个电动势称为对称三相电动势。三相绕组首末端间的电压称为对称三相电源电压，其瞬时值的数学表达式为

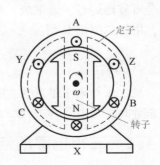

图 4-1 三相对称电动势的产生

77

$$\begin{cases} u_{\mathrm{A}} = U_{\mathrm{m}}\sin\omega t \\ u_{\mathrm{B}} = U_{\mathrm{m}}\sin(\omega t - 120°) \\ u_{\mathrm{C}} = U_{\mathrm{m}}\sin(\omega t + 120°) \end{cases} \tag{4-1}$$

式中，U_{m} 为每相电源电压的最大值。

若以 A 相电压 U_{A} 作为参考，则三相电压的相量形式为

$$\begin{cases} \dot{U}_{\mathrm{A}} = U\angle 0° \\ \dot{U}_{\mathrm{B}} = U\angle -120° \\ \dot{U}_{\mathrm{C}} = U\angle 120° \end{cases} \tag{4-2}$$

式中，U 为每相电源电压的有效值。

电压波形如图 4-2 所示，相量图如图 4-3 所示。

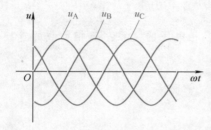

图 4-2　对称三相电源的波形

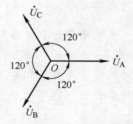

图 4-3　对称三相电源电压相量图

由图 4-2 和图 4-3 可以看出：对称三相电压满足 $u_{\mathrm{A}} + u_{\mathrm{B}} + u_{\mathrm{C}} = 0$，$\dot{U}_{\mathrm{A}} + \dot{U}_{\mathrm{B}} + \dot{U}_{\mathrm{C}} = 0$，即对称三相电压的瞬时值之和为零，相量之和为零。通常三相发电机都是对称三相电源，本书今后若无特殊说明，提到三相电源时均指对称三相电源。

 小提示

对称三相电源电压有效值相等，频率相同，各相之间的相位差为 120°。

3. 相序

三相电源电压达到最大值（振幅）的先后次序称为相序。u_{A} 比 u_{B} 超前 120°，u_{B} 比 u_{C} 超前 120°，称这种相序为正相序或顺相序，即 A-B-C-A；反之，如果三相电的变化顺序是 A-C-B-A，称这种相序为负相序或逆相序。相序是一个十分重要的概念，为使电力系统能够安全可靠地运行，通常统一规定技术标准，一般在配电盘上用黄色标出 A 相，用绿色标出 B 相，用红色标出 C 相。

小提示

现在三相电除了用 A、B、C 表示首端，X、Y、Z 表示末端，还可以用 U_1、V_1、W_1 来表示首端，用 U_2、V_2、W_2 表示末端。

4.1.2　三相电源的连接

三相电源的三相绕组的连接方式有两种：一种是星形联结，一种是三角形联结，如

图 4-4 所示。

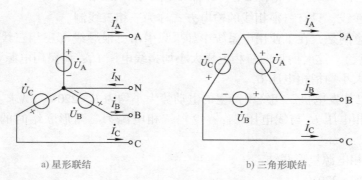

a) 星形联结　　　　　　　b) 三角形联结

图 4-4　三相电源的两种连接方式

1. 三相电源的星形联结

图 4-4a 所示的星形联结中，星形公共连接点 N 称为中性点，从中性点引出的导线称为中性线，从端点 A、B、C 引出的 3 根导线称为端线或相线，这种由 3 根相线和一根中性线向外供电的方式称为三相四线制供电方式（通常在低压配电中采用）。除了三相四线制连接方式以外，其他连接方式均属三相三线制。

端线之间的电压称为线电压，分别用 $\dot{U}_{AB}$、$\dot{U}_{BC}$、$\dot{U}_{CA}$ 表示，其值常用 U_l 表示。每一相线与中性线间的电压称为相电压，分别为 $\dot{U}_A$、$\dot{U}_B$、$\dot{U}_C$，通用 U_p 表示。

根据分析，三相对称电源星形联结中各线电压 U_l 与对应的相电压 U_p 的相量关系为

$$\begin{cases} \dot{U}_{AB} = \dot{U}_A - \dot{U}_B = \sqrt{3}\,\dot{U}_A \angle 30° \\ \dot{U}_{BC} = \dot{U}_B - \dot{U}_C = \sqrt{3}\,\dot{U}_B \angle 30° \\ \dot{U}_{CA} = \dot{U}_C - \dot{U}_A = \sqrt{3}\,\dot{U}_C \angle 30° \end{cases}$$

即各线电压 U_l 相位均超前其对应的相电压 U_p30°，且满足 $U_l = \sqrt{3}\,U_p$。

线电压和相电压的相量关系如图 4-5 所示。

结论：1）三相四线制的相电压和线电压都是对称的。

2）线电压是相电压的 $\sqrt{3}$ 倍，线电压的相位超前对应的相电压 30°。

👆 **小提示**

我国低压三相四线制供电系统中，电源相电压有效值为 220V，线电压有效值为 380V。

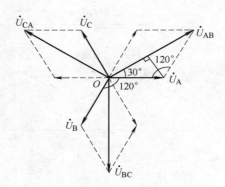

图 4-5　三相电源星形联结时电压相量图

2. 三相电源的三角形联结

图 4-4b 所示的三角形联结中，是把三相电源依次按首末端连接成一个回路，再从端子 A、B、C 引出导线。三角形联结的三相电源的相电压和线电压相等，即

$$\dot{U}_{AB} = \dot{U}_A , \quad \dot{U}_{BC} = \dot{U}_B , \quad \dot{U}_{CA} = \dot{U}_C$$

这种没有中性线、只有三根相线的输电方式称为三相三线制。

特别需要注意的是，在工业用电系统中如果只引出三根导线（三相三线制），那么都是相线（没有中性线），这时所说的三相电压大小均指线电压 U_1；而民用电源则需要引出中性线，所说的电压大小均指相电压 U_p。

【例4-1】 已知发电机三相绕组产生的电动势大小均为 $E = 220V$，试求：（1）三相电源为星形联结时的相电压 U_p 与线电压 U_1；（2）三相电源为三角形联结时的相电压 U_p 与线电压 U_1。

解：（1）三相电源星形联结：

相电压 $U_p = E = 220V$

线电压 $U_1 = \sqrt{3}\, U_p = 380V$

（2）三相电源三角形联结：

相电压 $U_p = E = 220V$

线电压 $U_1 = U_p = 220V$

4.2　三相负载的星形联结

三相负载可以是三相电器，如三相交流电动机等，也可以是单向负载的组合，如电灯。对于三相电路而言，一般单相负载应该尽量均匀分布在各相上，其连接在相线与中性线之间还是连接在两根相线之间，取决于负载的额定电压。三相负载按对称原则接入电路，电源加在负载上电压要等于负载额定电压。三相负载的 3 个接线端总与 3 根相线相连，对于三相电动机而言，负载的连接形式由内部结构决定。三相负载的连接方式也有两种：星形联结和三角形联结。根据三相电源与负载的不同连接方式可以组成丫-丫、丫-△、△-丫、△-△联结的三相电路。本节主要介绍丫-丫联结方式，如图4-6a所示。

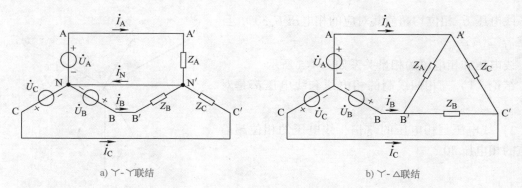

a) 丫-丫联结　　　　　　　　　　　　　　b) 丫-△联结

图 4-6　电源与负载的不同连接方式

三相负载中的相电压和线电压、相电流和线电流的定义为：相电压、相电流是指各相负载阻抗的电压、电流。三相负载的三个端子 A′、B′、C′ 向外引出的导线中的电流称为电路的线电流，任意两个端子之间的电压称为负载的线电压。

1. 连接方式

在三相四线制系统中，三相电源的一根相线和中性线之间的电压（相电压）为220V。负载如果接成图4-6a的形式，则每相负载的电压为220V，这种接法称为星形联结。如图4-6a所示，Z_A、Z_B、A_C表示三相负载，若$Z_A = Z_B = Z_C = Z$，称其为对称负载；否则，称其为不对称负载。三相电路中，若电源和负载都对称，称为三相对称电路。

2. 电路计算

在三相四线制星形联结电路中，负载相电流等于对应的线电流，如果忽略导线阻抗，则各相电流为

$$\begin{cases} \dot{I}_A = \dfrac{\dot{U}_A}{Z_A} \\[2mm] \dot{I}_B = \dfrac{\dot{U}_B}{Z_B} \\[2mm] \dot{I}_C = \dfrac{\dot{U}_C}{Z_C} \end{cases}$$

所谓三相负载对称，即$Z_A = Z_B = Z_C = Z$，包含$|Z_A| = |Z_B| = |Z_C| = |Z|$和$\varphi_A = \varphi_B = \varphi_C = \varphi$，也就是各相的负载数值及性质均相同。

如果星形联结的三相负载对称，则有

$$\dot{I}_A = \frac{\dot{U}_A}{Z} = \frac{\dot{U}_A}{|Z|} \angle -\varphi = I \angle -\varphi$$

$$\dot{I}_B = I \angle (-\varphi - 120°)$$

$$\dot{I}_C = I \angle (-\varphi + 120°)$$

故三相电流也是对称的。这时只需算出任一相电流，便可知另外两相的电流。

三相负载对称时，中性线电流为

$$\dot{I}_N = \dot{I}_A + \dot{I}_B + \dot{I}_C = 0$$

 小提示

由于电路对称，三相电流瞬时值的代数和也为零。因此，中性线便可以省去不用，电路变成三相三线制传输。例如在发电厂与变电站、变电站与三相电动机等之间，由于负载对称，便采用三相三线制传输。

【例4-2】 在负载为星形联结的对称三相电路中，已知每相负载均为$|Z| = 50\Omega$，设线电压为380V，试求各相电流和线电流。

解：在对称星形负载中，相电压为$U_{Yp} = \dfrac{U_1}{\sqrt{3}} \approx 220V$

相电流为$I_{Yp} = \dfrac{U_{Yp}}{|Z|} = \dfrac{220}{50}A = 4.4A$

负载为星形联结时线电流与相电流相等。

由例4-2可见：对称三相电路的计算可归结为一相进行，即只要求出其中一相的电压或电流，而其他两相就可以根据其对称关系直接写出。

3. 不对称三相电路的分析

在三相电路中，三相电源、三相输电线阻抗总是对称的，因此三相负载不对称是引起三相电路不对称的主要原因，例如由单相用电器或照明设备组成的三相负载。分析电路时，要求分别算出每相电流及中性线电流。

【例4-3】 电路如图4-7所示，$U_1 = 380V$，求各相电流、线电流和中性线电流。

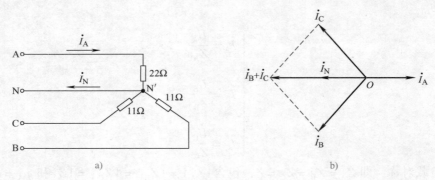

图4-7 例4-3图

解：电路为不对称三相负载，但装设中性线。显而易见，三相负载分别承受各相电源电压。若设 $\dot{U}_A = \dfrac{380}{\sqrt{3}} \angle 0°V = 220 \angle 0°V$，则 $\dot{U}_B = 220 \angle -120°V$，$\dot{U}_C = 220 \angle 120°V$。

可得

$$\dot{I}_A = \frac{\dot{U}_A}{Z_A} = \frac{220 \angle 0°}{22}A = 10 \angle 0°A$$

$$\dot{I}_B = \frac{\dot{U}_B}{Z_B} = \frac{220 \angle -120°}{11}A = 20 \angle -120°A$$

$$\dot{I}_C = \frac{\dot{U}_C}{Z_C} = \frac{220 \angle 120°}{11}A = 20 \angle 120°A$$

$$\dot{I}_N = \dot{I}_A + \dot{I}_B + \dot{I}_C = -10A$$

三相负载在很多情况下是不对称的，最常见的照明电路就是不对称负载星形联结的三相电路。若无中性线，可能使某一相电压过低，该相用电设备不能正常工作，某一相电压过高，烧毁该相用电设备。因此，中性线对于电路的正常工作及安全是非常重要的，它可以保证星形联结的不对称负载的相电压对称，使各用电器都能正常工作，而且互不影响。

在三相四线制供电线路中，规定中性线上不允许安装熔断器、开关等装置。为了增强机械强度，有的还加有钢芯；另外通常还要把中性线接地，使它与大地电位相同，以保障安全。

结论（负载为星形联结时）：

1）三相对称电路电源线电压是负载两端相电压的$\sqrt{3}$倍。

2）每一相相线的线电流等于流过负载的相电流。

3）负载对称可去掉中性线变为三相三线制传输。

4）对于不对称负载则必须加中性线，采用三相四线制传输。

5）对于对称电路采用一相法计算，不对称电路要分别计算。

4.3　三相负载的三角形联结

4.3.1　三角形电路连接方式

把三相负载分别接到三相交流电源的每两根相线之间，负载的这种连接方法称为三角形联结，用△表示，如图4-6b所示。

三角形联结中的各相负载全都接在两根相线之间，因此电源的线电压等于负载两端的电压，即负载的相电压，则有

$$U_{\triangle p} = U_{\triangle l}$$

三角形联结中，相电压与线电压相等。

4.3.2　三相负载三角形电路计算

三相负载的三角形联结方式如图4-8a所示，Z_{AB}、Z_{BC}、Z_{CA}分别为三相负载。

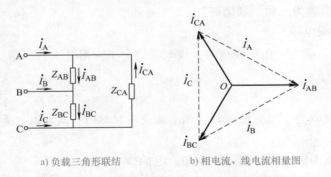

a) 负载三角形联结　　　　b) 相电流、线电流相量图

图4-8　负载三角形联结及相电流、线电流相量图

显然负载三角形联结时，负载相电压与线电压相同，即

$$U_l = U_p$$

设每相负载中的电流分别为 $\dot{I}_{AB}$、$\dot{I}_{BC}$、$\dot{I}_{CA}$，线电流为 $\dot{I}_A$、$\dot{I}_B$、$\dot{I}_C$，则负载相电流为

$$\begin{cases} \dot{I}_{AB} = \dfrac{\dot{U}_{AB}}{Z_{AB}} \\[2ex] \dot{I}_{BC} = \dfrac{\dot{U}_{BC}}{Z_{BC}} \\[2ex] \dot{I}_{CA} = \dfrac{\dot{U}_{CA}}{Z_{CA}} \end{cases}$$

如果三相负载为对称负载，即 $Z_{AB} = Z_{BC} = Z_{CA} = Z$，则有

$$\begin{cases} \dot{I}_{AB} = \dfrac{\dot{U}_{AB}}{Z} \\[2mm] \dot{I}_{BC} = \dfrac{\dot{U}_{BC}}{Z} \\[2mm] \dot{I}_{CA} = \dfrac{\dot{U}_{CA}}{Z} \end{cases}$$

三角形联结相电流和线电流的相量图如图 4-8b 所示，由相量图可知相电流与线电流的关系为

$$\begin{cases} \dot{I}_{A} = \dot{I}_{AB} - \dot{I}_{CA} = \sqrt{3}\,\dot{I}_{AB} \angle -30° \\[2mm] \dot{I}_{B} = \dot{I}_{BC} - \dot{I}_{AB} = \sqrt{3}\,\dot{I}_{BC} \angle -30° \\[2mm] \dot{I}_{C} = \dot{I}_{CA} - \dot{I}_{BC} = \sqrt{3}\,\dot{I}_{CA} \angle -30° \end{cases} \tag{4-3}$$

由于相电流是对称的，所以线电流也是对称的，即 $\dot{I}_{A} + \dot{I}_{B} + \dot{I}_{C} = 0$。只要求出一个线电流，其他两个可以依次按对称写出。线电流有效值是相电流有效值的 $\sqrt{3}$ 倍，相位依次滞后对应相电流 30°。

结论（当三相负载为三角形联结时）：

① 相电压等于线电压。

② 当对称三相负载为三角形联结时，线电流的大小为相电流的 $\sqrt{3}$ 倍。

 小提示

在三相不对称负载为三角形联结时，相电流是不对称的，线电流也是不对称的，各相电流必须分别计算。

【例 4-4】 如图 4-9 所示三相对称电路，电源线电压为 380V，星形联结负载阻抗 $Z_{\curlyvee} = 22 \angle -30°\,\Omega$，三角形联结的负载阻抗 $Z_{\triangle} = 38 \angle 60°\,\Omega$。求：（1）星形联结的各相电压 $\dot{U}_{A}$、$\dot{U}_{B}$、$\dot{U}_{C}$；（2）三角形联结的负载相电流 $\dot{I}_{AB}$、$\dot{I}_{BC}$、$\dot{I}_{CA}$；（3）线电流 $\dot{I}_{A}$、$\dot{I}_{B}$、$\dot{I}_{C}$。

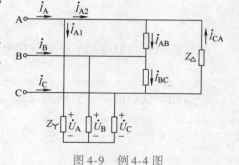

图 4-9 例 4-4 图

解：根据题意，设 $\dot{U}_{AB} = 380 \angle 0°\,\text{V}$。

（1）由线电压和相电压的关系，可得出星形联结的负载各相电压为

$$\dot{U}_{A} = \frac{380 \angle (0° - 30°)}{\sqrt{3}} = 220 \angle -30°\,\text{V}$$

$$\dot{U}_{B} = 220 \angle -150°\,\text{V}$$

$$\dot{U}_{\mathrm{C}} = 220\angle 90°\,\mathrm{V}$$

（2）三角形联结的负载相电流为

$$\dot{I}_{\mathrm{AB}} = \frac{\dot{U}_{\mathrm{AB}}}{Z_{\triangle}} = \frac{380\angle 0°\,\mathrm{V}}{38\angle 60°\,\Omega} = 10\angle -60°\,\mathrm{A}$$

因为对称，所以有

$$\dot{I}_{\mathrm{BC}} = 10\angle -180°\,\mathrm{A}$$

$$\dot{I}_{\mathrm{CA}} = 10\angle 60°\,\mathrm{A}$$

（3）传输线 A 线上的电流为星形负载的线电流 $\dot{I}_{\mathrm{A1}}$ 与三角形负载线电流 $\dot{I}_{\mathrm{A2}}$ 之和，其中

$$\dot{I}_{\mathrm{A1}} = \frac{\dot{U}_{\mathrm{A}}}{Z_{\curlyvee}} = \frac{220\angle -30°\,\mathrm{V}}{22\angle -30°\,\Omega} = 10\angle 0°\,\mathrm{A}$$

$\dot{I}_{\mathrm{A2}}$ 是相电流 $\dot{I}_{\mathrm{AB}}$ 的 $\sqrt{3}$，相位滞后 $\dot{I}_{\mathrm{AB}}30°$，即

$$\dot{I}_{\mathrm{A2}} = \sqrt{3}\,\dot{I}_{\mathrm{AB}}\angle -30° = \sqrt{3}\times 10\angle(-60°-30°)\,\mathrm{A} = 10\sqrt{3}\angle -90°\,\mathrm{A}$$

$$\dot{I}_{\mathrm{A}} = \dot{I}_{\mathrm{A1}} + \dot{I}_{\mathrm{A2}} = 10\angle 0°\,\mathrm{A} + 10\sqrt{3}\angle -90°\,\mathrm{A} = (10-\mathrm{j}10\sqrt{3})\,\mathrm{A} = 20\angle -60°\,\mathrm{A}$$

因为对称，所以有

$$\dot{I}_{\mathrm{B}} = 20\angle -180°\,\mathrm{A}$$

$$\dot{I}_{\mathrm{C}} = 20\angle 60°\,\mathrm{A}$$

4.4 三相电路的功率

4.4.1 有功功率的计算

无论三相负载是否对称，也无论负载是星形联结还是三角形联结，一个三相电源发出的总有功功率等于电源每相发出的有功功率之和，一个三相负载接受的总有功功率等于每相负载接受的有功功率之和，即

$$P = P_{\mathrm{A}} + P_{\mathrm{B}} + P_{\mathrm{C}}$$
$$= U_{\mathrm{A}}I_{\mathrm{A}}\cos\varphi_{\mathrm{A}} + U_{\mathrm{B}}I_{\mathrm{B}}\cos\varphi_{\mathrm{B}} + U_{\mathrm{C}}I_{\mathrm{C}}\cos\varphi_{\mathrm{C}}$$

式中，U_{A}、U_{B}、U_{C} 分别为三相负载的相电压；I_{A}、I_{B}、I_{C} 分别为三相负载的相电流；φ_{A}、φ_{B}、φ_{C} 分别为三相负载的阻抗角或该负载所对应的相电压与相电流的夹角。

当负载对称时，各相的有功功率是相等的，所以总的有功功率可表示为

$$P = 3U_{\mathrm{p}}I_{\mathrm{p}}\cos\varphi \tag{4-4}$$

实际上，三相电路的相电压和相电流有时难以获得，但在三相对称电路中，负载星形联结时，$U_{\mathrm{l}} = \sqrt{3}\,U_{\mathrm{p}}$，$I_{\mathrm{l}} = I_{\mathrm{p}}$；负载三角形连接时，$U_{\mathrm{l}} = U_{\mathrm{p}}$、$I_{\mathrm{l}} = \sqrt{3}\,I_{\mathrm{p}}$。所以，无论负载是哪种接法，都有

$$3U_{\mathrm{p}}I_{\mathrm{p}} = \sqrt{3}\,U_{\mathrm{l}}I_{\mathrm{l}}$$

所以上式又可表示为

$$P = \sqrt{3}\, U_1 I_1 \cos\varphi \tag{4-5}$$

式(4-5)中，U_1、I_1 分别是线电压和线电流，$\cos\varphi$ 仍是每相负载的功率因数。因为线电压或线电流便于实际测量，而且三相负载铭牌上标识的额定值均指线电压和线电流，所以式(4-5)是计算有功功率的常用公式。但需注意的是，该公式只适用于对称三相电路。

4.4.2 无功功率的计算

三相负载的无功功率等于各项无功功率之和，即

$$Q = Q_A + Q_B + Q_C = U_A I_A \sin\varphi_A + U_B I_B \sin\varphi_B + U_C I_C \sin\varphi_C$$

当负载对称时，各相的无功功率是相等的，所以总的无功功率可表示为

$$Q = 3 U_p I_p \sin\varphi = \sqrt{3}\, U_1 I_1 \sin\varphi \tag{4-6}$$

4.4.3 视在功率的计算

三相负载的视在功率为

$$S = \sqrt{P^2 + Q^2}$$

对称三相电路的视在功率为

$$S = 3 U_p I_p = \sqrt{3}\, U_1 I_1 \tag{4-7}$$

4.4.4 瞬时功率的计算

三相电路的瞬时功率也为三相负载瞬时功率之和，对称三相电路各相的瞬时功率分别为

$$p_A = u_A i_A = \sqrt{2}\, U_p \sin\omega t \times \sqrt{2}\, I_p \sin(\omega t - \varphi) = U_p I_p \left[\cos\varphi - \cos(2\omega t - \varphi) \right]$$

$$p_B = u_B i_B = \sqrt{2}\, U_p \sin(\omega t - 120°) \times \sqrt{2}\, I_p \sin(\omega t - 120° - \varphi)$$

$$= U_p I_p \left[\cos\varphi - \cos(2\omega t - 240° - \varphi) \right]$$

$$p_C = u_C i_C = \sqrt{2}\, U_p \sin(\omega t + 120°) \times \sqrt{2}\, I_p \sin(\omega t + 120° - \varphi)$$

$$= U_p I_p \left[\cos\varphi - \cos(2\omega t + 240° - \varphi) \right]$$

由于 $\cos(2\omega t - \varphi) + \cos(2\omega t - 240° - \varphi) + \cos(2\omega t + 240° - \varphi) = 0$，所以

$$p = p_A + p_B + p_C = 3 U_p I_p \cos\varphi = \sqrt{3}\, U_1 I_1 \cos\varphi = P$$

上式表明，对称三相电路的瞬时功率是定值，且等于平均有功功率，这是对称三相电路的一个优越性能。如果三相负载是电动机，由于三相瞬时功率是定值，因而电动机的转矩是恒定的，因为电动机转矩的瞬时值是和总瞬时功率成正比的，从而避免了由于机械转矩变化引起的机械振动，因此电动机运转非常平稳。

4.4.5 三相功率的测量

测量三相交流电路的功率，可用单相功率表或三相功率表。

用单相功率表测量时，根据三相负载的情况，可采用一瓦计法、二瓦计法或三瓦计法。

（1）一瓦计法 用一个单相功率表测量三相功率的方法叫一瓦计法，这种方法适用于

对称三相电路，三相负载的总功率应为该表读数的 3 倍。

（2）二瓦计法　用两个功率表测三相功率的方法称二瓦计法，其接线方式如图 4-10 所示。这种方法适用于对称或不对称、三角形联结或星形联结的三相三线制负载。三相电路总功率应为两功率表读数的代数和。

（3）三瓦计法　用 3 个功率表测量三相功率的方法叫三瓦计法，接线如图 4-11 所示。这种方法适用于三相四线制不对称负载的功率测量。三相总功率等于 3 个功率表读数之和，即

$$P = P_1 + P_2 + P_3$$

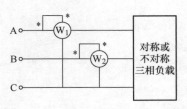

图 4-10　二瓦计法

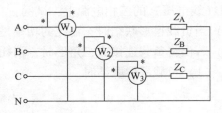

图 4-11　三瓦计法

【例 4-5】　如图 4-12 所示的电路中，已知一组星形联结的对称负载，接在线电压为 380V 的对称三相电源上，每相负载的复阻抗 $Z = (12 + j16)\,\Omega$。（1）求各负载的相电压及相电流；（2）计算该三相电路的 P、Q 和 S。

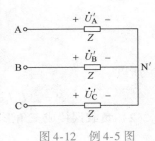

图 4-12　例 4-5 图

解：（1）令线电压 $\dot{U}_{AB} = 380 \angle 0°\mathrm{V}$，在对称三相三线制电路中，负载电压与电源电压对应相等，且 3 个相电压也对称，即

$$\dot{U}'_A = \frac{380 \angle (0° - 30°)}{\sqrt{3}}\mathrm{V} = 220 \angle -30°\mathrm{V}$$

$$\dot{U}'_B = 220 \angle -150°\mathrm{V}$$

$$\dot{U}'_C = 220 \angle 90°\mathrm{V}$$

负载相电流也对称，即

$$\dot{I}_A = \frac{\dot{U}'_A}{Z} = \frac{220 \angle -30°}{12 + j16}\mathrm{A} = 11 \angle -83°\mathrm{A}$$

$$\dot{I}_B = \frac{\dot{U}'_B}{Z} = 11 \angle -203°\mathrm{A} = 11 \angle 157°\mathrm{A}$$

$$\dot{I}_C = \frac{\dot{U}'_C}{Z} = 11 \angle 37°\mathrm{A}$$

（2）根据有功功率、无功功率和视在功率的计算公式，可得

$$P = 3U'_A I_A \cos\varphi = 3 \times 220 \times 11 \times \cos 53°\mathrm{W} = 4370\mathrm{W}$$

$$Q = 3U'_A I_A \sin\varphi = 3 \times 220 \times 11 \times \sin 53°\mathrm{var} = 5800\mathrm{var}$$

$$S = \sqrt{P^2 + Q^2} = 7262\text{V} \cdot \text{A}$$

【例 4-6】 一台三相异步电动机，定子绕组按星形联结方式与线电压为 380V 的三相交流电源相连。测得线电流为 6A，总有功功率为 3kW。试计算各相绕组的等效电阻 R 和等效感抗 X_L 的数值。

解：
$$\cos\varphi = \frac{3000}{3 \times 220 \times 6} \approx 0.758 \qquad |Z| = \frac{380}{\sqrt{3} \times 6}\Omega \approx 36.6\Omega$$

$$R = 36.6 \times 0.758\Omega \approx 27.7\Omega \qquad X_L = 36.7 \times \sin(\arccos 0.758)\Omega \approx 23.9\Omega$$

【例 4-7】 一对称三相负载，每相等效电阻为 $R = 6\Omega$，等效感抗为 $X_L = 8\Omega$，接于电压为 380V（线电压）的三相电源上，试问：

（1）当负载星形联结时，消耗的功率是多少？

（2）若误将负载连接成三角形时，消耗的功率是多少？

解：（1）负载星形联结时

$$U_1 = 380\text{V}$$

$$I = I_p = \frac{\frac{U_1}{\sqrt{3}}}{|Z|} = \frac{\frac{380}{\sqrt{3}}}{\sqrt{6^2 + 8^2}}\text{A} \approx 21.9\text{A}$$

$$\cos\varphi = \frac{R}{|Z|} = \frac{6}{\sqrt{6^2 + 8^2}} = 0.6$$

所以

$$P = \sqrt{3}\,U_1 I_1 \cos\varphi = \sqrt{3} \times 380 \times 21.9 \times 0.6\text{W} = 8648\text{W} \approx 8.7\text{kW}$$

（2）负载误接成三角形时

$$U_1 = 380\text{V}$$

$$I_1 = \sqrt{3}\,I_p = \sqrt{3}\,\frac{U_p}{|Z|} = \sqrt{3}\,\frac{380}{\sqrt{6^2 + 8^2}}\text{A} \approx 65.8\text{A}$$

$$\cos\varphi = \frac{R}{|Z|} = \frac{6}{\sqrt{6^2 + 8^2}} = 0.6$$

所以

$$P = \sqrt{3}\,U_1 I_1 \cos\varphi = \sqrt{3} \times 380 \times 65.8 \times 0.6\text{W} \approx 25984\text{W} \approx 26\text{kW}$$

以上计算结果表明，若误将负载连接成三角形，负载消耗的功率是星形联结时的 3 倍，负载将被烧毁。此时，每相负载上的电压是星形联结时的 $\sqrt{3}$ 倍，因而每相负载的电流也是星形联结时的 $\sqrt{3}$ 倍。

结论：

1）对称负载为星形或三角形联结时，线电压是相同的，相电流是不相等的。三角形联结时的线电流为星形联结时的 3 倍。

2）φ 仍然是相电压与相电流之间的相位差，而不是线电压与线电流之间的相位差。也就是说，功率因数是指每相负载的功率因数。

3）负载为三角形联结时的功率是相同条件下星形联结时的 3 倍。

本章小结

对称三相电源的特点：最大值相等、频率相同、相位互差120°，并且有 $\dot{U}_A + \dot{U}_B + \dot{U}_C = 0$ 和 $u_A + u_B + u_C = 0$

三相电源的连接方式：星形（丫）和三角形（△）。

电源星形联结：线电压 U_l 和相电压 U_p 的关系为 $U_l = \sqrt{3}\,U_p$，线电压在相位上超前相应相电压30°。

电源三角形联结：线电压等于相电压。

分析计算三相电路时，一般不需要知道电源的连接方式，只要知道电源的线电压。

三相负载的连接方式：星形（丫）和三角形（△）。

相电流 I_p：指流过每相负载的电流。

线电流 I_l：指三根端线（电源线）中流过的电流。

负载星形联结：无论负载对称与否，无论有无中性线，线电流恒等于相应的相电流。负载三角形联结：相电流用 $\dot{I}_{AB}$、$\dot{I}_{BC}$、$\dot{I}_{CA}$ 表示，线电流用 $\dot{I}_A$、$\dot{I}_B$、$\dot{I}_C$ 表示。

当三相负载对称时，线电流与相电流的关系为 $I_l = \sqrt{3}\,I_p$，线电流在相位上落后相应相电流30°。

不对称电路的功率为 $P = P_A + P_B + P_C$，$Q = Q_A + Q_B + Q_C$，$S = \sqrt{P^2 + Q^2}$

对称电路的功率为 $P = 3U_pI_p\cos\varphi = \sqrt{3}\,U_lI_l\cos\varphi$，$Q = 3U_pI_p\sin\varphi = \sqrt{3}\,U_lI_l\sin\varphi$，$S = 3U_pI_p = \sqrt{3}\,U_lI_l$。

习 题

4.1 在三相四线制电路中，中性线在满足什么条件时可省略变为三相三线制电路？相电压和线电压有什么关系？

4.2 在对称三相四线制电路中，若已知线电压 $\dot{U}_{AB} = 380\angle0°$ V，求 $\dot{U}_{BC}$、$\dot{U}_{CA}$ 及相电压 $\dot{U}_A$、$\dot{U}_B$、$\dot{U}_C$。

4.3 对称星形负载接于三相四线制电源上，如图4-13所示。若电源线电压为380V，当在 D 点断开时，U_l 为（   ）。

A. 220V   B. 380V   C. 190V

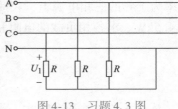

图4-13 习题4.3图

4.4 有一台三相电阻炉，各相负载的额定电压均为380V，当电源线电压为380V 时，此电阻炉应接成（   ）。

A. 丫   B. △   C. 丫或△

4.5 已知对称三相四线制电源的相电压 $u_B = 10\sin(\omega t - 60°)$ V，相序为 A-B-C，试写出所有相电压和线电压的表达式。

4.6 已知星形联结的对称三相纯电阻负载，每相阻值为 10Ω；对称三相电源的线电压为 380V。求负载相电流，并绘出电压、电流的相量图。

4.7 某一对称三相负载，每相的电阻 $R = 8\Omega$，$X_L = 6\Omega$，连成三角形，接在线电压为 380V 的电源上，试求其相电流和线电流的大小。

4.8 图 4-14 所示电路中，对称三相负载各相的电阻为 80Ω，感抗为 60Ω，电源的线电压为 380V。当开关 S 向上闭合和向下闭合两种情况时，三相负载消耗的有功功率各为多少？

4.9 图 4-15 所示三角形联结的对称三相电路中，已知线电压为 380V，$R = 8\Omega$，$X_L = 6\Omega$。求线电流 $\dot{I}_A$、$\dot{I}_B$、$\dot{I}_C$，并画出相量图。

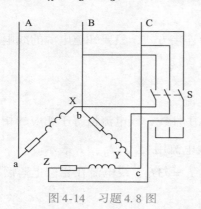

图 4-14 习题 4.8 图

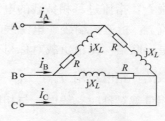

图 4-15 习题 4.9 图

4.10 一台三相异步电动机的输出功率为 4kW，功率因数 $\cos\varphi = 0.85$，效率 $\eta = 0.85$，额定相电压为 380V，供电线路为三相四线制，线电压为 380V。(1) 问电动机应采用何种接法；(2) 求负载的线电流和相电流；(3) 求每相负载的等效复阻抗。

4.11 某工厂有 3 个车间，每一车间装有 10 盏 220V、100W 的白炽灯，用 380V 的三相四线制供电。(1) 画出合理的配电接线图；(2) 若各车间的灯同时点亮，求电路的线电流和中性线电流；(3) 若只有两个车间用灯，再求电路的线电流和中性线电流。

4.12 已知电路图 4-16 所示。电源电压 $U_1 = 380V$，每相负载的阻抗为 $R = X_L = X_C = 10\Omega$。

(1) 该三相负载能否称为对称负载？为什么？

(2) 计算中性线电流和各相电流。

4.13 已知对称三相负载连接成三角形，接在线电压为 220V、频率为工频的三相电源上，相线上通过的电流均为 17.3A，三相功率为 4.5kW。求各相负载的电阻和自感系数 L。

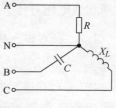

图 4-16 习题 4.12 图

电路仿真

对称三相电源星形联结，首端引出 3 根相线，末端相连并接地，三相对称负载也接成星形，采用三相三线制。

Multisim 电路仿真如图 4-17 所示。测得电路相电压为 219.991V；相电流为 21.797A；两个功率表测得功率分别为 7.616kW、936.828W，三相电路共消耗功率为 8552.8W。

对称三相电路有功功率计算为 $P = 3 \times 21.797^2 \times 6\mathrm{W} = 8551.97\mathrm{W}$，可见电路仿真结果与分析计算是一致的。

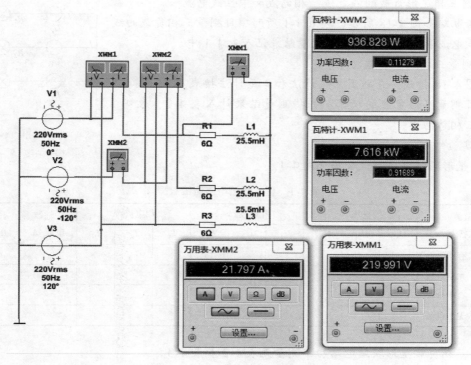

图 4-17　三相三线制对称负载电路二瓦计法测试电路功率仿真

技能训练4　三相电路负载的测试

一、实验目的

1）测试三相负载的星形及三角形联结的线电压和相电压、线电流和相电流之间的关系。

2）了解三相四线制电路中中性线接地的概念，进一步理解中性线的作用。

3）掌握三相电路有功功率的测量方法。

二、实验仪器设备

电工实验操作柜	1组
交流电流表	1块
交流电压表	1块
功率表	1块
测电流插头及导线	若干

三、实验内容

（一）三相负载星形联结电路测试

1. 测三相星形负载的线电压、相电压和中性点电压按图4-18接线，按表4-1所列项目测量负载的线电压、相电压、中性点电压，将测量结果记入表4-1中。

2. 测三相星形负载的线电流、相电流和中性线电流

实验电路如图4-18所示，按表4-1所列项目测量三相负载的线电流、相电流和中性线电流，将测量结果记入表4-1中。

3. 测量三相星形负载功率

按图4-18接线，分别用三瓦计法和二瓦计法按表4-2、表4-3所列项目测量星形负载的功率，并将测量结果计入表4-2、表4-3中计算三相总功率。

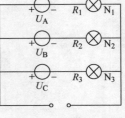

图4-18 三相负载星形联结电路

4. 实验结果

1）星形联结电路测试数据见表4-1。

表4-1 星形联结电路测试数据

测量值 负载状态		线电压/V			相电压/V			相电流/A			中性线电流/A	中性点电压/V
		U_{AB}	U_{BC}	U_{CA}	U_A	U_B	U_C	I_A	I_B	I_C		
负载对称	有中性线											
	无中性线											
负载不对称	有中性线											
	无中性线											

2）三相负载星形联结电路功率测量见表4-2和表4-3。

表4-2 三瓦计法测三相四线制负载功率 （单位：W）

负载形式	（A相负载功率/W）×数量	（B相负载功率/W）×数量	（C相负载功率/W）×数量	P_A	P_B	P_C	$P = P_A + P_B + P_C$
三相四线制不对称负载							

表4-3 二瓦计法测三相三线制负载有功功率 （单位：W）

负载形式	（A相负载功率/W）×数量	（B相负载功率/W）×数量	（C相负载功率/W）×数量	P_1	P_2	$P = P_1 + P_2$

注意：如果实验中只有一块功率表则可分两次测量。

（二）三相负载三角形联结电路测试

1. 连接电路

三相负载三角形联结电路如图4-19所示。

2. 测三相三角形负载的线电压（相电压）

按图4-19（自行设计）接线，按表4-4所列项目测量

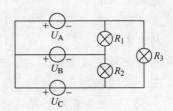

图4-19 三相负载三角形联结电路

三相三角形负载的线电压（相电压），将测量结果记入表4-4中。

3. 测量三相三角形负载的线电流、相电流

按表4-4所列项目测量三相三角形负载的线电流（相电流），将测量结果记入表4-4中。

4. 用二瓦计法测量三相三角形负载的功率

按表4-5所列项目测量三相三角形负载的功率，将测量结果记入表4-5中并计算总功率。

5. 实验结果

实验结果见表4-4和表4-5。

表4-4　三相负载三角形联结电压、电流测试值

负载状态	线电压/V			相电流/A			线电流/A			线电流/相电流		
	U_{AB}	U_{BC}	U_{CA}	I_{AB}	I_{BC}	I_{CA}	I_A	I_B	I_C	I_A/I_{AB}	I_B/I_{BC}	I_C/I_{CA}
对称负载												
不对称负载												

表4-5　二瓦计法测三相三线制负载有功功率　　　　　　　（单位：W）

负载形式	（A相负载功率/W）×数量	（B相负载功率/W）×数量	（C相负载功率/W）×数量	P_1	P_2	$P = P_1 + P_2$

注意：如果实验中只有一块功率表则可分两次测量。

四、实验报告

由实验数据分析中性线的作用。为什么照明供电均采用三相四线制？在三相四线制中，中性线是否能接入熔丝和开关？为什么？

五、注意事项

1）负载不对称连接时，可同时控制电容与灯泡的各种连接。

2）如使用电流表插座应控制插头快速进出，同时电流表量程适当选大一些，防止电容负载电流瞬态冲击使过载记录器起动。

3）本实验操作电压最高，所以必须小心接线，改接电路必须断电，特别注意不能使电流表插头线悬空时插入有电插座。

4）用二瓦计法测三相功率时，功率表电压线圈承受电源线电压，注意功率表电压量程。

5）实验中电压和电流的待测量很多，要正确选择各测试点。

6）测定相序实验中，较亮的灯泡承受过高电压（约为330V），观察时间不可过长，以免白炽灯长时间过载。

第5章　线性电路过渡过程的暂态分析

学习目标

1）了解换路概念，掌握换路定律、电路初始值的计算。

2）了解零输入响应、零状态响应及全响应的概念及变化规律。

3）掌握一阶线性电路三要素法的分析方法及应用。

4）了解二阶线性电路分析。

技能要求

1）掌握一阶 RC 线性电路充放电路电压、电流测试及分析。

2）了解 RC 微分及积分电路应用仿真。

当电路条件发生变化时，电路从一个稳定状态过渡到另一个稳定状态。在这个过程中，研究一阶线性电路中各物理量的变化规律，有助于利用过渡过程在自动控制等许多工程实际应用，同时降低过渡过程的危害。本章主要分析一阶 RC 和 RL 线性电路的过渡过程，了解一阶电路在过渡过程中电压和电流随时间变化的规律，并能确定电路的时间常数、初时值和稳态值 3 个要素，会用三要素法分析一阶 RC 和 RL 电路，介绍了二阶电路的初始条件和 RLC 串联电路的零输入响应形式。

5.1　换路定律和电压、电流初始值的确定

5.1.1　过渡过程的概述

对含有直流、交流电源的动态电路，若电路已经接通了很长时间，电路中各元件的工作状态已趋于稳定，则称电路达到了稳定状态，简称为稳态。如果电路发生某些变动，例如电路参数改变、电路结构变动、电源改变等，这些统称为换路，电路的原有状态会被破坏，电路中的电容可能出现充电与放电现象，电感线圈可能出现磁化与去磁现象。储能元件上的电能或磁能所发生的变化一般都不可能瞬间完成，而必须经历一定的过程才能达到新的稳态。这种介于两种稳态之间的变化过程称为过渡过程，简称为瞬态或暂态。电路过渡过程的特性广泛地应用于通信、计算机、自动控制等许多工程实际中。同时，在电路的过渡过程中由于储能元件状态发

生变化而使电路中可能会出现过电压、过电流等特殊现象，在设计电气设备时必须予以考虑，以确保其安全运行。因此，研究动态电路的过渡过程具有十分重要的理论意义和现实意义。

电路的瞬态过程是一个时变过程，在分析动态电路的瞬态过程时，必须严格界定时间的概念。通常将零时刻作为换路的计时起点，即 $t=0$。用 $t=0_-$ 表示换路前的最终时刻，该时刻变量可表示为 $u(0_-)$、$i(0_-)$；用 $t=0_+$ 表示换路后的最初时刻，该时刻变量可表示为 $u(0_+)$、$i(0_+)$。$t=0_-$ 时刻的电路变量一般可由换路前的稳态电路确定。本章的任务就是研究电路变量从 $t=0_-$ 时刻到 $t=0_+$ 时刻量值所发生的变化，继而求出 $t>0$ 后的变化规律。电路发生换路后，电路变量从 $t=0_-$ 到 $t\to\infty$ 的整个时间段内的变化规律称为电路的动态响应。

5.1.2 电路换路状态

下面分析电阻电路、电容电路和电感电路在换路时的表现。

1. 电阻电路

图 5-1a 所示电阻电路在 $t=0$ 时合上开关，电路中的参数发生变化。电流 i 随时间的变化情况如图 5-1b 所示，显然电流从 $t<0$ 时的稳定状态直接进入 $t>0$ 后的稳定状态，说明纯电阻电路在换路时没有过渡期。

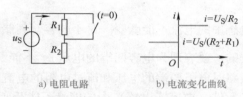

a) 电阻电路 b) 电流变化曲线

图 5-1 电阻电路及电流变化曲线

2. 电容电路

图 5-2a 所示的电容和电阻组成的电路在开关未动作前，电路处于稳定状态，电流 i 和电容电压 u_C 满足：$i=0$，$u_C=0$。

$t=0$ 时向上合开关，电容充电，接通电源一段时间后，电容充电完毕，电路达到新的稳定状态，电流 i 和电容电压 u_C 满足：$i=0$，$u_C=U_S$，如图 5-2b 所示。

电流 i 和电容电压 u_C 随时间的变化情况如图 5-2c 所示，显然从 $t<0$ 时的稳定状态不是直接进入 $t>0$ 后新的稳定状态，说明含电容的电路在换路时需要一个过渡期。

3. 电感电路

图 5-3a 所示的电感和电阻组成的电路在开关未动作前，电路处于稳定状态，电流 i 和电感电压 u_L 满足：$i=0$，$u_L=0$。

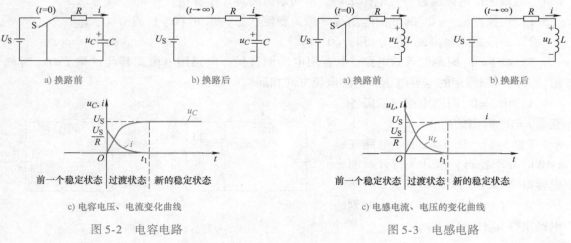

a) 换路前 b) 换路后 a) 换路前 b) 换路后

前一个稳定状态 过渡状态 新的稳定状态 前一个稳定状态 过渡状态 新的稳定状态

c) 电容电压、电流变化曲线 c) 电感电流、电压的变化曲线

图 5-2 电容电路 图 5-3 电感电路

$t=0$ 时向上合上开关，如图 5-3b 所示。接通电源一段时间后，电路达到新的稳定状态，电流 i 和电感电压 u_L 满足：$i=U_S/R$，$u_L=0$。

电流 i 和电感电压 u_L 随时间的变化情况如图 5-3c 所示，显然从 $t<0$ 时的稳定状态不是直接进入 $t>0$ 后新的稳定状态。说明含电感的电路在换路时需要一个过渡期。

综上所述，电路产生过渡过程的条件为电路发生换路、电路中有储能元件。

5.1.3 换路定律

暂态过程的发生归根到底是能量不能发生跃变。因为在电路条件发生变化时（如电路的接通、断开、短路、电压改变或电路参数改变等），电路中储存的能量不能发生跃变，就可能发生暂态过程。

电感中储存的磁能为 $\frac{1}{2}Li_L^2$，由于能量不能跃变，因此换路时磁能不能跃变，则表现为电感中的电流不能跃变。对于电容，其储存的电能是 $\frac{1}{2}Cu_C^2$，在换路时，电能是不能发生跃变的，就表现为电容两端的电压 u_C 不能跃变。而电阻中，由于电阻不能储存能量，所以在换路时电阻两端的电压和流过电阻的电流会发生跃变。由此可见，电路的暂态过程是由于储能元件（电容或电感）中的能量不能跃变而产生的。

如前所述，电容电压 u_C 和电感电流 i_L 只能连续变化，而不能突变。即在 $t=0_-$ 到 $t=0_+$ 的换路瞬间，电容两端的电压和电感中的电流不能突变，这就是换路定律，即

$$\begin{cases} u_C(0_+)=u_C(0_-) \\ i_L(0_+)=i_L(0_-) \end{cases} \tag{5-1}$$

注意：换路定律只能确定换路瞬间 $t=0_+$ 时不能突变的 u_C 和 i_L 初始值，而 $u_C(0_-)$ 或 $i_L(0_-)$ 需根据换路前终了瞬间的电路进行计算。

5.1.4 电路初始条件的确定

将 $t=0_+$ 时刻电路中电压 $u(0_+)$、电流 $i(0_+)$ 的值称为初始值。根据换路定律可以由电路的 $u_C(0_-)$ 和 $i_L(0_-)$ 确定 $u_C(0_+)$ 和 $i_L(0_+)$ 时刻的值，电路中其他电流和电压在 $t=0_+$ 时刻的值可以通过等效电路求得。求初始值的具体步骤是：

1）由换路前 $t=0_-$ 时刻的电路（一般为稳定状态）求 $u_C(0_-)$ 或 $i_L(0_-)$。

2）由换路定律得 $u_C(0_+)$ 和 $i_L(0_+)$。

3）画 $t=0_+$ 时刻的等效电路：电容用电压源替代，电感用电流源替代（取 $t=0_+$ 时刻值，方向与原假定的电容电压、电感电流方向相同）。

4）由 $t=0_+$ 时刻电路求所需各变量 $t=0_+$ 时刻的值。

【例 5-1】 图 5-4a 所示电路在 $t<0$ 时处于稳态，求开关打开瞬间电容电流 $i_C(0_+)$

解：（1）由图 5-4a $t=0_-$ 时刻电路求得 $u_C(0_-)=8V$。

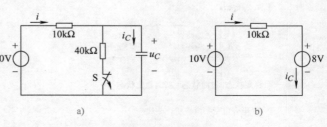

图 5-4 例 5-1 图

（2）由换路定律得 $u_C(0_+) = u_C(0_-) = 8\mathrm{V}$。

（3）画出 $t = 0_+$ 时刻等效电路，如图 5-4b 所示，电容用 8V 电压源替代，解得

$$i_C(0_+) = \frac{10-8}{10}\mathrm{mA} = 0.2\mathrm{mA}$$

注意： 电容电流在换路瞬间发生了跃变，即 $i_C(0_-) = 0 \neq i_C(0_+)$

【**例5-2**】　图 5-5a 所示电路在 $t < 0$ 时处于稳态，$t = 0$ 时闭合开关，求电感电压 $u_L = (0_+)$。

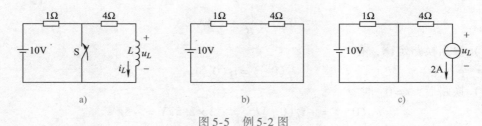

图 5-5　例 5-2 图

解：（1）首先由图 5-5a $t = 0_-$ 时刻电路求电感电流，此时电感处于短路状态如图 5-5b 所示，则

$$i_L(0_-) = \frac{10}{1+4}\mathrm{A} = 2\mathrm{A}$$

（2）由换路定律得

$$i_L(0_+) = i_L(0_-) = 2\mathrm{A}$$

（3）画出 $t = 0_+$ 时刻等效电路，如图 5-5c 所示，电感用 2A 电流源替代，解得

$$u_L(0_+) = -2 \times 4\mathrm{V} = -8\mathrm{V}$$

注意： 电感电压在换路瞬间发生了跃变，即 $u_L(0_-) = 0 \neq u_L(0_+)$。

5.1.5　电路稳态值的确定

当电路的过渡过程结束后，电路进入新的稳定状态，此时各元件电压和电流值称为稳态值（或终值），可表示为 $u(\infty)$、$i(\infty)$。稳态值也是分析一阶电路过渡过程规律的重要因素之一。

【**例5-3**】　试求图 5-6a 所示电路在过渡过程结束后，电路中各电压和电流的稳态值。

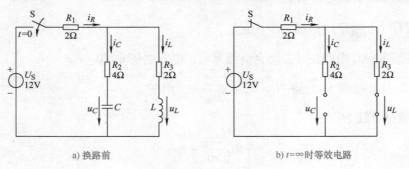

a) 换路前　　　　　　　　　　b) $t = \infty$ 时等效电路

图 5-6　例 5-3 图

解：在图 5-6b 所示 $t = \infty$ 时的稳态电路中，由于电容电流和电感电压的稳态值为零，所以将电容开路，电感短路，于是得出各个稳态值为

$$i_C(\infty) = 0 \qquad u_L(\infty) = 0$$

$$i_R(\infty) = i_L(\infty) = \frac{U_S}{R_1 + R_3} = \frac{12}{2+2}A = 3A$$

$$u_C(\infty) = i_L(\infty)R_3 = 3 \times 2V = 6V$$

【例5-4】 如图5-7所示，已知 $R = 2\Omega$，电压表的内阻为2.5kΩ，电源电压 $U = 4V$。试求：开关S断开瞬间电压表两端的电压。换路前电路已处于稳态。

解：（1） $t = 0_-$ 时，电路已处于稳态，电感短路处理。

$$i_L(0_-) = \frac{U}{R} = \frac{4}{2}A = 2A$$

（2）根据换路定律，有

$$i_L(0_+) = i_L(0_-)$$

（3）换路后，$t = 0_+$ 时

$$u_V(0_+) = -i_L(0_+)R_V = -2 \times 2.5kV = -5kV$$

由此可见，在感性负载断开电源时，感性负载和开关两端会产生一个很大的电压，可能损坏电气设备或电子元器件。在实际中为了防止电感元件在直流电源断开时产生高电压，通常在电感元件上反向并联一个二极管（称为续流二极管），如图5-8所示。

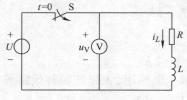

图5-7　例5-4图

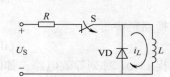

图5-8　有续流二极管的电感电路

5.2　一阶电路的零输入响应

动态电路的零输入响应是指换路时无外加激励，仅由动态元件初始储能产生的响应。

在此讨论的 RC 电路的放电过程，是指无电源激励（即输入信号为零），由电容的初始状态 $u_C(0_+)$ 所产生的电路响应。

5.2.1　RC 电路的零输入响应

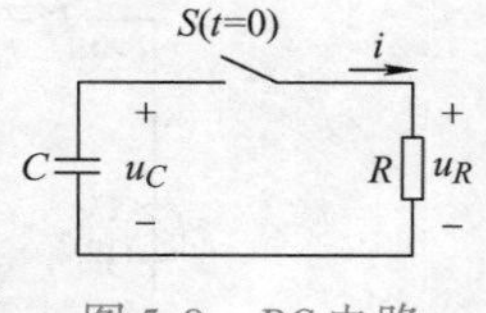

图5-9所示的 RC 电路在开关闭合前已充电，电容电压 $u_C(0_-) = U_0$，开关闭合后，根据KVL可得 $-u_R + u_C = 0$，由于 $i = -C\dfrac{\mathrm{d}u_C}{\mathrm{d}t}$，代入上式得微分方程为

图5-9　RC 电路

$$\begin{cases} RC\dfrac{\mathrm{d}u_C}{\mathrm{d}t} + u_C = 0 \\ u_C(0_+) = U_0 \end{cases}$$

特征方程为 $RCp + 1 = 0$，特征根为 $p = -\dfrac{1}{RC}$，则方程的通解为

$$u_C = Ae^{pt} = Ae^{-\frac{1}{RC}t}$$

代入初始值得

$$A = u_C(0_+) = U_0$$

$$u_C = u_C(0_+)e^{-\frac{t}{RC}} = U_0e^{-\frac{t}{RC}} \quad t \geqslant 0$$

放电电流为

$$i = \frac{u_C}{R} = \frac{U_0}{R}e^{-\frac{t}{RC}} \quad t \geqslant 0 \tag{5-2}$$

或根据电容的电压和电流关系计算得

$$i = -C\frac{\mathrm{d}u_C}{\mathrm{d}t} = -CU_0e^{-\frac{t}{RC}}\left(-\frac{1}{RC}\right) = \frac{U_0}{R}e^{-\frac{t}{RC}}$$

从以上各式可以得出:

1) 电压、电流是随时间按同一指数规律衰减的函数, 如图 5-10a、b 所示。

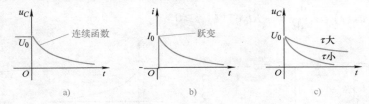

图 5-10　电容电压、电流衰减规律

2) 响应与初始状态呈线性关系, 其衰减快慢与 RC 有关。令 $\tau = RC$, τ 和时间 t 的单位相同。τ 为一阶 RC 电路的时间常数。τ 的大小反映了电路过渡过程时间的长短, 即

τ 大→过渡过程时间长, τ 小→过渡过程时间短, 如图 5-10c 所示。表 5-1 给出了电容电压在 $t = 0$, τ , 2τ , 3τ , …时刻的值。

表 5-1　各时刻电容电压

t	0	τ	2τ	3τ	5τ
$u_C = U_0e^{-\frac{t}{\tau}}$	U_0	$U_0e^{-1} = 0.368U_0$	$U_0e^{-2} = 0.135U_0$	$U_0e^{-3} = 0.05U_0$	$U_0e^{-5} = 0.007U_0$

表 5-1 中的数据表明经过一个时间常数 τ , 电容电压衰减到原来电压的 36.8% , 因此工程上认为, 经过 $(3\sim5)\tau$, 过渡过程结束。

3) 在放电过程中, 电容释放的能量全部被电阻所消耗, 即

$$W_R = \int_0^\infty i^2R\mathrm{d}t = \int_0^\infty \left(\frac{U_0}{R}e^{-\frac{t}{RC}}\right)^2 R\mathrm{d}t = \frac{U_0^2}{R}\left(-\frac{RC}{2}e^{-\frac{2t}{RC}}\right)\Big|_0^\infty = \frac{1}{2}CU_0^2$$

5.2.2　RL 电路的零输入响应

图 5-11a 所示的电路为 RL 电路, 在开关动作前电压和电流已恒定不变, 因此根据换路定律, 电感电流的初值为

$$i_L(0_+) = i_L(0_-) = \frac{U_S}{R_1 + R} = I_0$$

开关闭合后的电路如图 5-11b 所示，根据 KVL 可得

$$u_R + u_L = 0$$

$$u_L = L\frac{\mathrm{d}i}{\mathrm{d}t} \quad u_R = Ri$$

代入上式得微分方程为

$$L\frac{\mathrm{d}i}{\mathrm{d}t} + Ri = 0 \quad t \geq 0$$

特征方程为 $Lp + R = 0$，特征根为 $p = -\dfrac{R}{L}$，则方程的通解为 $i(t) = A\mathrm{e}^{pt}$。

代入初始值得

$$A = i(0_+) = I_0$$

$$i(t) = I_0\mathrm{e}^{pt} = \frac{U_S}{R_1 + R}\mathrm{e}^{-\frac{t}{L/R}} \quad t \geq 0 \tag{5-3}$$

电感电压为 $u_L(t) = L\dfrac{\mathrm{d}i_L}{\mathrm{d}t} = -RI_0\mathrm{e}^{-\frac{t}{L/R}} \quad t \geq 0$

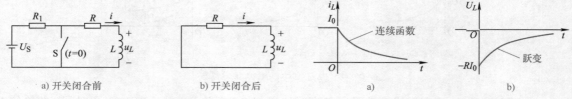

a) 开关闭合前   b) 开关闭合后   a)   b)

图 5-11 RL 电路   图 5-12 电感电流 i_L、电压 u_L 衰减曲线

从以上各式可以得出：

1）电压、电流是随时间按同一指数规律衰减的函数，如图 5-12 所示。

2）响应与初始状态呈线性关系，其衰减快慢与 L/R 有关。令 $\tau = L/R$，称其为一阶 RL 电路的时间常数。

3）在过渡过程中，电感释放的能量被电阻全部消耗，即

$$W_R = \int_0^\infty i^2 R\mathrm{d}t = \int_0^\infty (I_0\mathrm{e}^{-\frac{t}{L/R}})^2 R\mathrm{d}t$$

$$= I_0^2 R\left(-\frac{L/R}{2}\mathrm{e}^{-\frac{2t}{L/R}}\right)\Big|_0^\infty = \frac{1}{2}LI_0^2$$

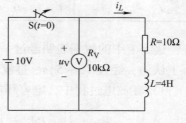

图 5-13 例 5-5 图

【例 5-5】 图 5-13 所示电路原本处于稳态，$t = 0$ 时，打开开关，求 $t > 0$ 后电压表的电压随时间变化的规律，已知电压表内阻为 10kΩ，电压表量程为 50V。

解：电感电流的初值为 $i_L(0_+) = i_L(0_-) = 1\mathrm{A}$。

开关打开后为一阶 RL 电路的零输入响应问题，因此有

$$i_L = i_L(0_+)\mathrm{e}^{-t/\tau} \quad t \geq 0$$

$$\tau = \frac{L}{R + R_V} \approx \frac{4}{10000}\mathrm{s} = 4 \times 10^{-4}\mathrm{s}$$

代入初值和时间常数得电压表电压为

$$u_V = -R_V i_L = -10000\mathrm{e}^{-2500t} \quad t \geq 0$$

$t = 0_+$ 时，电压达最大值，$u_V(0_+) = -10000V$，会造成电压表的损坏。

本题说明 RL 电路在换路时会出现过电压现象，不注意会造成设备的损坏。

5.3　一阶电路的零状态响应

一阶电路的零状态响应是指动态元件初始能量为零，$t > 0$ 后由电路中外加输入激励作用所产生的响应。用经典法求零状态响应的步骤与求零输入响应的步骤相似，不同的是零状态响应的方程是非齐次的。

在此讨论的 RC 充电电路，是假设换路前电容没有储存能量，即 $u_C(0_-) = V$，故称为 RC 电路的零状态。在此条件下分析由电源激励所产生的响应。

5.3.1　RC 电路的零状态响应

图 5-14 所示 RC 充电电路在开关闭合前处于零初始状态，即电容电压 $u_C(0_-) = 0$，开关闭合后，根据 KVL 可得

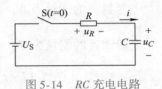

图 5-14　RC 充电电路

$$u_R + u_C = U_S$$

$$i = C\frac{du_C}{dt}, \quad u_R = Ri$$

代入上式得微分方程为

$$RC\frac{du_C}{dt} + u_C = U_S$$

其解答形式为 $u_C = u_C' + u_C''$

其中，u_C' 为特解，也称稳态分量或强制分量，是与输入激励的变化规律有关的量。通过设微分方程中的导数项为 0，可以得到任何微分方程的直流稳态分量，上述微分方程满足 $u_C' = U_S$。另一个计算直流稳态分量的方法是在直流稳态条件下，把电感视为短路、电容视为开路再加以求解。

u_C'' 为齐次方程的通解，也称暂态分量或自由分量。

$$RC + \frac{du_C}{dt} + u_C = 0$$

方程的通解为 $u_C'' = Ae^{-\frac{t}{RC}}$

因此 $u_C(t) = u_C' + u_C'' = U_S + Ae^{-\frac{t}{RC}}$

由初始条件 $u_C(0_+) = 0$ 得，积分常数 $A = -U_S$。

则
$$u_C = U_S - U_Se^{-\frac{t}{RC}} = U_S(1 - e^{-\frac{t}{RC}}) \quad t \geq 0 \tag{5-4}$$

从式（5-4）可以得出电流为

$$i = C\frac{du_C}{dt} = \frac{U_S}{R}e^{-\frac{t}{RC}}$$

从以上各式可以得出：

1）电压、电流是随时间按同一指数规律变化的函数，电容电压由两部分构成：

$$稳态分量（强制分量）＋暂态分量（自由分量）$$

各分量的波形及叠加结果如图 5-15 所示，电流波形如图 5-16 所示。

101

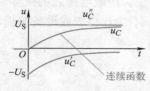

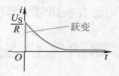

图 5-15　电压叠加波形　　　　图 5-16　电流波形

2）响应变化的快慢由时间常数 $\tau = RC$ 决定。τ 大，充电慢；τ 小，充电快。

3）响应与外加激励呈线性关系。

4）充电过程的能量关系如下：

电容最终储存能量为 $W_C = \dfrac{1}{2}CU_{\mathrm{S}}^2$

电源提供的能量为 $W_C = \displaystyle\int_0^\infty U_{\mathrm{S}}i\mathrm{d}t = U_{\mathrm{S}}q = CU_{\mathrm{S}}^2$

电阻消耗的能量为 $W_R = \displaystyle\int_0^\infty i^2 R\mathrm{d}t = \int_0^\infty \left(\dfrac{U_{\mathrm{S}}}{R}\mathrm{e}^{-\frac{t}{RC}}\right)^2 R\mathrm{d}t$

【例 5-6】　图 5-17 所示电路在 $t=0$ 时闭合开关 S，已知 $u_C(0_-)=0$，求：（1）电容电压和电流；（2）电容充电至 $u_C = 80\mathrm{V}$ 时所需的时间 t。

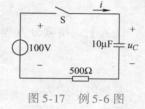

解：（1）这是一个 RC 电路零状态响应问题，时间常数为

$$\tau = RC = 500 \times 10 \times 10^{-6}\mathrm{s} = 5 \times 10^{-3}\mathrm{s}$$

$t > 0$ 后，电容电压为

图 5-17　例 5-6 图

$$u_C = U_{\mathrm{S}}(1 - \mathrm{e}^{-\frac{t}{\tau}}) = 100(1 - \mathrm{e}^{-200t}) \quad t \geqslant 0$$

充电电流为 $i = C\dfrac{\mathrm{d}u_C}{\mathrm{d}t} = \dfrac{U_{\mathrm{S}}}{R}\mathrm{e}^{-\frac{t}{RC}} = 0.2\mathrm{e}^{-200t}\mathrm{A}$

（2）设经过 t_1，$u_C = 80\mathrm{V}$，即 $80 = 100(1 - \mathrm{e}^{-200t_1})$。

解得 $t_1 = 8.045\mathrm{ms}$

5.3.2　RL 电路的零状态响应

用以上类似方法分析图 5-18 所示的 RL 电路。电路在开关闭合前处于零初始状态，即电感电流 $i_L(0_-)=0$，开关闭合后，根据 KVL 可得 $u_R + u_L = U_{\mathrm{S}}$。

把 $u_L = L\dfrac{\mathrm{d}i}{\mathrm{d}t}$，$u_R = Ri$ 代入上式得微分方程为

$$L\frac{\mathrm{d}i_L}{\mathrm{d}t} + Ri_L = U_{\mathrm{S}}$$

其解答形式为 $i_L = i_L' + i_L''$

令导数为零，得稳态分量为 $i_L' = \dfrac{U_{\mathrm{S}}}{R}$

因此 $i_L = \dfrac{U_{\mathrm{S}}}{R} + A\mathrm{e}^{-\frac{R}{L}t}$

由初始条件 $i_L(0_+) = 0$，得积分常数为 $A = -\dfrac{U_S}{R}$

则
$$i_L = \frac{U_S}{R}(1 - e^{-\frac{R}{L}t}), \quad u_L = L\frac{di_L}{dt} = U_S e^{-\frac{R}{L}t} \tag{5-5}$$

电流、电压的变化波形如图 5-19、图 5-20 所示。

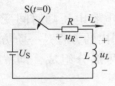
图 5-18　RL 电路

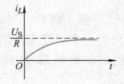
图 5-19　电感电流 i_L 曲线

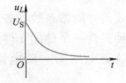
图 5-20　电感电压 u_L 波形

【例 5-7】　在图 5-21 中 K 是直流电磁继电器线圈，其电阻为 $R_2 = 250\Omega$，电感为 $L = 25H$，如果继电器的释放电流为 4mA（即电流小于此值时继电器就释放），而且已知 $E = 24V$，$R_1 = 230\Omega$。试问 S 闭合后经过多长时间继电器才释放？设 S 闭合前电路已处于稳态。

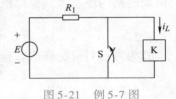
图 5-21　例 5-7 图

解：S 断开时，继电器中的电流为

$$i_L(0_-) = \frac{E}{R_1 + R_2} = \frac{24}{230 + 250}A = 0.05A$$

根据换路定律得

$$i_L(0_+) = i_L(0_-) = 0.05A$$

S 闭合后，继电器的放电时间常数为

$$\tau = \frac{L}{R_2} = \frac{25}{250}s = 0.1s$$

$$i_L(\infty) = 0$$

则电流响应为

$$i_L(t) = 0.05e^{-10t}A \qquad t \geqslant 0$$

要衰减到释放电流 4mA，即

$$4 = 0.05e^{-10t} \times 10^3$$

$$-10t = \ln\frac{4}{50} = -2.526$$

$$t = \frac{2.526}{10}s \approx 0.25s$$

5.4　一阶电路的三要素法及全响应

5.4.1　一阶电路的三要素法

RC 电路是常见的电路之一。本节将讨论只有一个电容的 RC 电路（即一阶 RC 电路）。

图 5-22 所示为一个简单的 RC 电路。设在 $t = 0$ 时开关 S 闭合，则可列出回路电压方

程为

$$iR + u_C = U_S$$

由于 $i_C = C \dfrac{\mathrm{d}u_C}{\mathrm{d}t}$，所以有

$$RC \dfrac{\mathrm{d}u_C}{\mathrm{d}t} + u_C = U_S$$

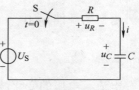

图 5-22 RC 电路

该式是一阶常系数非齐次线性微分方程，解此方程就可得到电容电压随时间变化的规律。这种只含一个储能元件或者可简化为一个储能元件的电路所列出的方程是一阶方程，因此常称这类电路为一阶电路。该方程的解由特解 u'_C 和通解 u''_C 两部分组成，即 $u_C(t) = u'_C + u''_C$。

特解 u'_C 是方程的一个解。因为电路的稳态值也是方程的解，且稳态值很容易求得，故特解取电路的稳态解，也称稳态分量，即

$$u'_C = u_C(t) \bigg|_{t \to \infty} = u_C(\infty)$$

u''_C 为方程对应的齐次方程

$$RC \dfrac{\mathrm{d}u_C}{\mathrm{d}t} + u_C = 0$$

的通解。其解的形式是 Ae^{pt}，其中 A 是待定系数，p 是齐次方程所对应的特征方程

$$RCp + 1 = 0$$

的特征根，即

$$p = -\dfrac{1}{RC} = -\dfrac{1}{\tau}$$

上式中 $\tau = RC$，具有时间的单位量纲，称为 RC 电路的时间常数，因此通解可写为

$$u''_C = Ae^{-\frac{t}{\tau}}$$

可见，u''_C 是按指数规律衰减的，它只出现在过渡过程中，通常称 u''_C 为暂态分量。

由此，稳态分量加暂态分量就得到方程的全解，即

$$u_C(t) = u_C(\infty) + Ae^{-\frac{t}{\tau}}$$

式中，常数 A 可由初始条件确定。设开关 S 闭合后的瞬间为 $t = 0_+$，此时电容的初始电压（即初始条件）为 $u_C(0_+)$，则在 $t = 0_+$ 时有

$$u_C(0_+) = u_C(\infty) + A$$

故

$$A = u_C(0_+) - u_C(\infty)$$

则得到求解一阶 RC 电路过渡过程中电容电压的通式为

$$u_C(t) = u_C(\infty) + [u_C(0_+) - u_C(\infty)]e^{-\frac{t}{\tau}} \tag{5-6}$$

由式（5-6）可以看出，只要求出初始值、稳态值和时间常数这三个要素，代入式（5-6）就能确定 u_C 的解析表达式。事实上，一阶电路中的电压或电流都是按指数规律变化的，都可以利用三要素来求解。这种利用上述三个要素求解一阶电路电压或电流随时间变化的关系式的方法就是三要素法，其一般形式为

$$f(t) = f(\infty) + [f(0_+) - f(\infty)]e^{-\frac{t}{\tau}} \tag{5-7}$$

这里 $f(t)$ 既可代表电压，也可以代表电流。

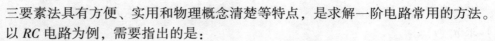

三要素法具有方便、实用和物理概念清楚等特点，是求解一阶电路常用的方法。

以 RC 电路为例，需要指出的是：

1）初始值 $u_C(0_+) = u_C(0_-)$，即求换路前瞬间电容上的电压值 $u_C(0_-)$。如果换路前电路已处于稳态，$u_C(0_-)$ 就是换路前电容两端的开路电压。求出 $u_C(0_-)$ 后，其他电压或电流的初始值可由换路瞬间 $t = 0_+$ 电路中求得。

2）稳态值 $u_C(\infty)$，即求换路后稳态时电容两端的开路电压。其他电压或电流的稳态值也可在换路后的稳态电路中求得。

3）时间常数 $\tau = RC$，其中 R 应是换路后电容两端无源二端网络的等效电阻（即戴维南等效电阻）。当 R 的单位是 Ω，C 的单位是 F 时，τ 的单位是 s。τ 的大小反映了过渡过程进行的快慢。在 RC 电路中，τ 越大，充电或放电越慢；τ 越小，充电或放电越快。同一个电路的各电压、电流的变化时间常数是相同的。

从理论上讲只有当 $t \to \infty$ 时，电容电压才能达到稳态值。当 $t = (3 \sim 5)\tau$ 时，u_C 与稳态值仅差 $5\% \sim 0.7\%$，在工程实际中通常认为经过 $(3 \sim 5)\tau$ 后电路的过渡过程已经结束，电路已经进入稳定状态。图 5-23 画出了 $u_C(\infty) = U_S$，$u_C(0_+) = 0$ 时，$u_C(t)$ 随时间变化的曲线。

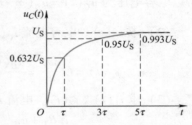

图 5-23　$u_C(t)$ 随时间变化的曲线

时间常数 τ 的物理意义很明显，当电源电压一定时，C 越大，要储存的电场能量越多，将此能量储存或释放所需时间就越长。R 越大，充电或放电的电流就越小，充电或放电所需时间也就越长。因此，RC 电路中的时间常数 τ 正比于 R 和 C 的乘积。适当调节参数 R 和 C，就可控制 RC 电路过渡过程的快慢。

下面举例说明三要素法的应用。

【例 5-8】　图 5-24a 所示电路原处于稳态，在 $t = 0$ 时将开关 S 闭合，试求换路后电路中所示的电压和电流，并画出其变化曲线。

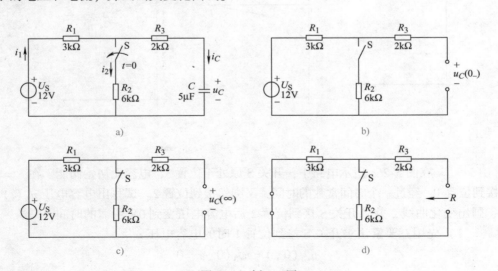

图 5-24　例 5-8 图

解：用三要素法求解。

（1）求 $u_C(t)$。

1）求 $u_C(0_+)$。由图 5-24b 可得

$$u_C(0_+) = u_C(0_-) = U_S = 12\text{V}$$

2）求 $u_C(\infty)$。由图 5-24c 可得

$$u_C(\infty) = \frac{R_2}{R_1+R_2}U_S = \frac{6}{3+6} \times 12\text{V} = 8\text{V}$$

3）求 τ。R 应为换路后电容两端除源网络的等效电阻，由图 5-24d 可得

$$R = R_1 // R_2 + R_3 = \left(\frac{3\times6}{3+6} + 2\right)\text{k}\Omega = 4\text{k}\Omega$$

$$\tau = RC = 4 \times 10^3 \times 5 \times 10^{-6}\text{s} = 2 \times 10^{-2}\text{s}$$

所以电容电压为 $u_C(t) = u_C(\infty) + [u_C(0_+) - u_C(\infty)]\text{e}^{-\frac{t}{\tau}} = (8 + 4\text{e}^{-50t})\text{V}$

（2）求 $i_C(t)$。电容电流 $i_C(t)$ 可用三要素法，也可由 $i_C(t) = C\dfrac{\text{d}u_C}{\text{d}t}$ 求得。

$$i_C(t) = C\frac{\text{d}u_C}{\text{d}t} = \frac{u_C(\infty) - u_C(0_+)}{R}\text{e}^{-\frac{t}{\tau}} = \frac{8-12}{4}\text{e}^{-50t}\text{mA} = -\text{e}^{-50t}\text{mA}$$

（3）求 $i_1(t)$、$i_2(t)$。电流 $i_1(t)$、$i_2(t)$ 可用三要素法，也可有 $i_C(t)$、$u_C(t)$ 求得。

$$i_2(t) = \frac{i_C R_3 + u_C}{R_2} = \frac{-\text{e}^{-50t}\times2 + 8 + 4\text{e}^{-50t}}{6}\text{mA} = \left(\frac{4}{3} + \frac{1}{3}\text{e}^{-50t}\right)\text{mA}$$

$$i_1(t) = i_2 + i_C = \frac{4}{3} + \frac{1}{3}\text{e}^{-50t} - \text{e}^{-50t}\text{mA} = \left(\frac{4}{3} - \frac{2}{3}\text{e}^{-50t}\right)\text{mA}$$

$u_C(t)$、$i_C(t)$、$i_1(t)$ 和 $i_2(t)$ 的变化曲线如图 5-25 所示。

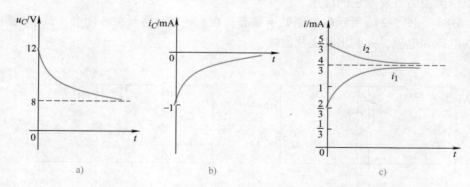

图 5-25　例 5-8 电压、电流的变化曲线

【例 5-9】　在图 5-26a 所示电路中，开关 S 原处于位置 3，电容无初始储能。在 $t = 0$ 时，开关接到位置 1，经过一个时间常数的时间，又突然接到位置 2。试写出电容电压 $u_C(t)$ 的表达式，画出变化曲线，并求开关 S 接到位置 2 后电容电压变到 0V 所需的时间。

解：（1）先用三要素法求开关 S 接到位置 1 时的电容电压 u_{C1}。

$$u_{C1}(0_+) = u_{C1}(0_-) = 0$$

$$u_{C1}(\infty) = U_{S1} = 10\text{V}$$

$$\tau_1 = (R_1 + R_3)C = (0.5 + 0.5) \times 10^3 \times 0.1 \times 10^{-6}\text{s} = 0.1\text{ms}$$

则 $\qquad u_{C1}(t) = u_{C1}(\infty) + [u_{C1}(0_+) - u_{C1}(\infty)]e^{-\frac{t}{\tau_1}} = 10(1 - e^{-\frac{t}{0.1}})V (t 以 ms 计)$

（2）在经过一个时间常数 τ_1 后，开关 S 接到位置 2，用三要素法求电容电压 u_{C2}。

$$u_{C2}(\tau_{1+}) = u_{C2}(\tau_{1-}) = 10(1 - e^{-1})V = 6.32V$$

$$u_{C2}(\infty) = -5V$$

$$\tau_2 = (R_2 + R_3)C = (1 + 0.5) \times 10^3 \times 0.1 \times 10^{-6}s = 0.15ms$$

则

$$u_{C2}(t) = u_{C2}(\infty) + [u_{C2}(\tau_{1+}) - u_{C2}(\infty)]e^{-\frac{t-\tau_1}{\tau_2}} = (-5 + 11.32e^{-\frac{t-0.1}{0.15}})V$$

所以，在 $0 \leqslant t < \infty$ 时电容电压的表达式为

$$u_C(t) = \begin{cases} 10(1 - e^{-\frac{t}{0.1}})V & (0 \leqslant t < 0.1ms) \\ (-5 + 11.32e^{-\frac{t-0.1}{0.15}})V & (t \geqslant 0.1ms) \end{cases}$$

在电容电压变到 0V 时，即

$$-5 + 11.32e^{-\frac{t-0.1}{0.15}} = 0$$

解得 $\qquad t = \left(0.1 - 0.15\ln\frac{5}{11.32}\right)ms = 0.22ms$

$u_C(t)$ 的变化曲线如图 5-26b 所示。

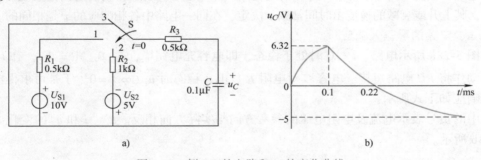

图 5-26 例 5-9 的电路和 u_C 的变化曲线

5.4.2 一阶电路的全响应

在电路分析中，通常将电路在外部输入（常称为激励）或内部储能的作用下所产生的电压或电流称为响应。本节讨论的换路后电路中电压或电流随时间变化的规律，称为时域响应。三要素法公式就是时域响应表达式。如果电路没有初始储能，仅由外界激励源（电源）的作用产生的响应，称为零状态响应。如果无外界激励源作用，仅由电路本身初始储能的作用所产生的响应，称为零输入响应。既有初始储能又有外界激励所产生的响应称为全响应。下面以一阶 RC 电路为例讨论电路电压、电流的变化规律，该变化规律同样适用一阶 RL 电路。

1. RC 电路的零状态响应

图 5-27a 所示电路中，在 $t = 0$ 时开关 S 闭合后接通直流电源 U_S，电容 C 开始充电。此时实为输入一个阶跃电压 u，如图 5-27b 所示。由于电容 C 无初始储能，$u_C(0_+) = u_C(0_-) = 0$。当电路达到稳态时，电容充电结束，$i(\infty) = 0, u_C(\infty) = U_S$。时间常数 $\tau = RC$。根据三要素公式，可求出在电源 U_S 激励下的零状态响应为

$$u_C(t) = u_C(\infty)(1 - e^{-\frac{t}{\tau}}) = U_S(1 - e^{-\frac{t}{RC}})$$

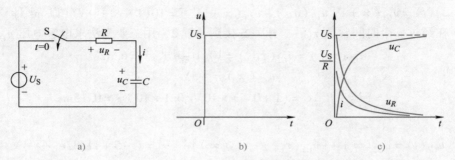

图 5-27 RC 电路的零状态响应

上式表明，电容充电时，电容电压按指数规律上升，最终达到稳态值 U_S，但上升速度与时间常数 τ 有关。电容的充电 i 可以从 u_C 直接求得，而 u_R 可从 i 求得。

$$
\begin{cases}
i(t) = C\dfrac{\mathrm{d}u_C}{\mathrm{d}t} = \dfrac{u_C(\infty)}{R}\mathrm{e}^{-\frac{t}{RC}} = \dfrac{U_S}{R}\mathrm{e}^{-\frac{t}{RC}} \\[3mm]
u_R(t) = iR = U_S\mathrm{e}^{-\frac{t}{RC}}
\end{cases}
$$

可见，开关 S 闭合瞬间 C 相当于短路，电阻电压最大为 U_S，充电电流最大为 U_S/R，稳态后电阻电压和电流均为零。u_C、i 和 u_R 的变化曲线如图 5-27c 所示，它们是按指数规律上升或衰减的，其上升或衰减的速度由时间常数 τ 决定，在同一电路中各相响应的 τ 是相同的。

2. RC 电路的零输入响应

如图 5-28a 所示电路，$t < 0$ 时处于稳态，即电容充电完毕，$u_C(0_-) = U_S$。在 $t = 0$ 时开关 S 动作将 RC 电路短接，电容 C 对电阻 R 放电，稳态时 $u_C(\infty) = 0$。于是可求得电路的零输入响应如下式所示：

式中的负号表示电流及电阻电压的参考方向与实际方向相反。u_C、i 和 u_R 的变化曲线如图 5-28b 所示。

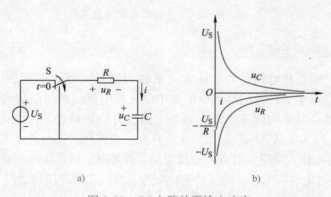

图 5-28 RC 电路的零输入响应

$$
\begin{cases}
u_C(t) = u_C(0_+)\mathrm{e}^{-\frac{t}{\tau}} = U_S\mathrm{e}^{-\frac{t}{RC}} \\[3mm]
u_R(t) = iR = -U_S\mathrm{e}^{-\frac{t}{RC}} \\[3mm]
i(t) = C\dfrac{\mathrm{d}u_C}{\mathrm{d}t} = -\dfrac{u_C(0_+)}{R}\mathrm{e}^{-\frac{t}{\tau}} = -\dfrac{U_S}{R}\mathrm{e}^{-\frac{t}{RC}}
\end{cases}
$$

3. RC 电路的全响应

图 5-29a 所示 RC 电路中，$u_C(0_+) = u_C(0_-) = -U_{S1}$，$u_C(\infty) = U_{S2}$，$\tau = RC$，则电路的全响应为 $u_C(t) = U_{S2} + (-U_{S1} - U_{S2})e^{-\frac{t}{RC}} = U_{S2} - (U_{S1} + U_{S2})e^{-\frac{t}{RC}}$ 或改写为 $u_C(t) = -U_{S1}e^{-\frac{t}{RC}} + U_{S2}(1 - e^{-\frac{t}{RC}})$。

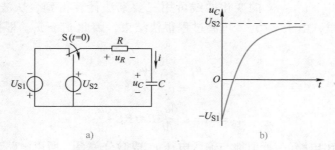

图 5-29 RC 电路的全响应

可见全响应等于稳态分量加暂态分量，或等于零输入响应和零状态响应相加。也就是说，可以分别求出零输入响应和零状态响应，将两者相加就是全响应。同理可求出电流 i 和电阻电压 u_R。u_C 的变化曲线如图 5-29b 所示。

5.5 RC 微分电路及积分电路

一阶 RC 电路在周期性矩形脉冲信号（脉冲序列信号）作用下的电路是常见的一种电路。

5.5.1 RC 微分电路

把 RC 连成如图 5-30a 所示的电路。输入信号 u_i 是占空比为 50% 的脉冲序列。所谓占空比是指 t_w/T 的比值，其中 t_w 是脉冲持续时间（脉冲宽度），T 是周期。u_i 的脉冲幅度为 U，其输入波形如图 5-30b 所示。在 $0 \leq t < t_w$ 时，电路相当于接入阶跃电压。由 RC 电路的零状态响应可知，其输出电压为

$$u_o = Ue^{-\frac{t}{\tau}} \quad 0 \leq t < t_w$$

当时间常数 $\tau \ll t_w$ 时（一般取 $\tau < 0.2t_w$），电容的充电过程很快完成，输出电压也跟着很快衰减到零，因而输出 u_o 是一个峰值为 U 的正尖脉冲，波形如图 5-30c 所示。

当电路参数 RC 不满足 $\tau \ll t_w$ 的条件时，输出电压将不会是正、负相间的尖脉冲波形。当 $\tau \gg t_w$ 时，电路的充放电过程极慢，此时电容 C 两端电压几乎不变，电路中的电容起"隔直、通交"的耦合作用，故称此电路为耦合电路。晶体管放大电路中的阻容耦合就是如此。

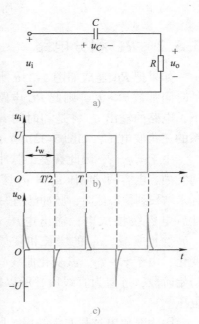

图 5-30 RC 微分电路及输入和输出波形

在电子电路中，常应用微分电路将矩形脉冲变换为尖脉冲，作为其他电路的触发信号。微分电路实际就是 RC 电路，如图 5-31a 所示，但要具备两个条件：

1）时间常数 τ 和脉冲宽度 t_w 相比足够小，即 $\tau \ll t_w$（一般 $\tau < 0.2t_w$）。

2）从电阻两端取得输出波形。

当微分电路加入一个矩形脉冲后，假设电容在 $t=0$ 以前没有储存能量，得到的波形如图 5-31b 所示。其中，u_C、u_o 的变化曲线可用三要素法计算得到。从波形图中可以看出，在 $0 \sim t_w$ 这段时间里，由于 $\tau \ll t_w$，过渡过程很快结束，因此 $u_C \approx u_i$，根据基尔霍夫电压定律得

$$u_i = u_C + u_o$$

有
$$u_o = u_i - u_C$$

$$u_o = iR = C\frac{\mathrm{d}u_C}{\mathrm{d}t}R \approx RC\frac{\mathrm{d}u_i}{\mathrm{d}t}$$

上式说明，输出电路 u_o 近似地与输入电压 u_i 成微分关系，所以电路称为微分电路。

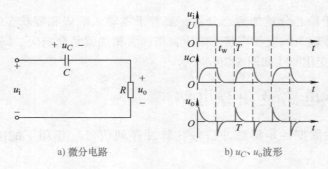

a) 微分电路　　　b) u_C、u_o 波形

图 5-31　微分电路及电路信号波形

5.5.2　RC 积分电路

如果把 RC 连成如图 5-32a 所示电路，而电路的时间常数 $\tau \gg t_w$，则此 RC 电路在脉冲序列作用下，电路的输出 u_o 将是和时间 t 基本上成直线关系的三角波电压，如图 5-32b 所示。

由于 $\tau \gg t_w$，因此在整个脉冲持续时间（t_w 时间）内，电容两端电压 $u_C = u_o$ 缓慢增长。当 u_C 还远未增长到稳态值时，脉冲已消失（$t = t_w = T/2$）。然后电容缓慢放电，输出电压 u_o（即电容电压 u_C）缓慢衰减。u_C 的增长和衰减虽仍按指数规律变化，由于 $\tau \gg t_w$，其变化曲线尚处于指数曲线的初始阶段，近似为直线段，所以输出 u_o 为三角波电压。

因为充放电过程非常缓慢，所以有

$$u_o = u_C \ll u_R$$

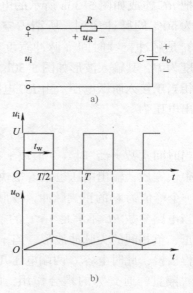

图 5-32　RC 积分电路及输入和输出波形

$$u_i = u_R + u_o \approx u_R = iR$$

$$i = \frac{u_R}{R} \approx \frac{u_i}{R}$$

$$u_o = u_C = \frac{1}{C}\int i\,\mathrm{d}t \approx \frac{1}{RC}\int u_i\,\mathrm{d}t$$

上式表明，输出电压 u_o 近似地与输入电压 u_i 对时间的积分成正比。因此，电路称为 RC 积分电路。积分电路在电子技术中也被广泛应用。

应该注意的是，在周期性矩形脉冲信号的作用下，RC 积分电路必须满足两个条件：

1）$\tau \gg t_w$。

2）从电容两端取输出电压 u_o 才能把矩形波变换成三角波。

5.6 二阶电路的零输入响应

二阶电路是含有两个独立储能元件，用二阶常系数微分方程描述的动态电路。典型的二阶电路有 RLC 串联电路和 RLC 并联电路。与一阶电路相似，可用经典时域法来分析二阶电路的过渡过程。具体而言，就是在时域中建立并求解二阶微分方程，只是分析计算的过程及二阶电路响应的性质都比一阶电路复杂些。下面以 RLC 串联电路为例，分析它的零输入响应。

5.6.1 二阶电路的初始条件

初始条件在二阶电路的分析进程中起着决定性作用，确定初始条件时，必须注意以下几个方面：

第一，在分析电路时，要始终仔细考虑电容两端电压 u_C 的极性和流过电感电流 i_L 的方向。

第二，电容上的电压总是连续的，即

$$u_C(0_+) = u_C(0_-)$$

流过电感的电流也总是连续的，即

$$i_L(0_+) = i_L(0_-)$$

确定初始条件时，首先要用上式确定没有突变的电路电流、电容电压和电感电流的初始值。

5.6.2 RLC 串联电路的零输入响应

图 5-33 所示为 RLC 串联电路。开关 S 闭合前，电容已经充电，且电容的电压 $u_C = U_0$，电感中储存有电场能，且初始电流为 I_0。当 $t=0$ 时，开关 S 闭合，电容将通过 RL 电路放电，其中一部分被电阻消耗，另一部分被电感以磁场能的形式储存，之后磁场能通过 R 转换成电场能，如此反复；同样，也有可能先是由电感储存

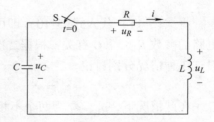

图 5-33　RLC 串联电路的零输入响应

的磁场能转换成电场能，并如此反复，当然也可能不存在能量的反复转换。

由图 5-33 所示参考方向，据 KVL 可得

$$-u_C + u_R + u_L = 0$$

且有 $i_C = -C\dfrac{\mathrm{d}u_C}{\mathrm{d}t}$，$u_R = Ri = -RC\dfrac{\mathrm{d}u_C}{\mathrm{d}t}$，$u_L = L\dfrac{\mathrm{d}i}{\mathrm{d}t} = -LC\dfrac{\mathrm{d}^2 u_C}{\mathrm{d}t}$，将其代入上式得

$$LC \frac{\mathrm{d}^2 u_C}{\mathrm{d}t^2} + RC \frac{\mathrm{d}u_C}{\mathrm{d}t} + u_C = 0 \tag{5-8}$$

式(5-8) 是 RLC 串联电路放电过程以 u_C 为变量的微分方程，为一个线性常系数二阶微分方程。令 $u_C = A e^{pt}$，并代入式(5-8)，得到其对应的特征方程为

$$LCp^2 + RCp + 1 = 0$$

求解上式，得到特征根为

$$\begin{cases} p_1 = -\dfrac{R}{2L} + \sqrt{\left(\dfrac{R}{2L}\right)^2 - \dfrac{1}{LC}} \\ \\ p_2 = -\dfrac{R}{2L} - \sqrt{\left(\dfrac{R}{2L}\right)^2 - \dfrac{1}{LC}} \end{cases} \tag{5-9}$$

因此，电容电压 u_C 用两特征根表示为

$$u_C = A_1 e^{p_1 t} + A_2 e^{p_2 t} \tag{5-10}$$

从式(5-10) 可以看出，特征根 p_1、p_2 仅与电路的参数和结构有关，而与激励和初始储能无关。p_1、p_2 又称为固有频率，单位为奈培每秒（Np/s），它与电路的自然响应函数有关。

根据换路定则，可以确定式(5-10) 的初始条件为 $u_C(0_+) = u_C(0_-) = U_0, i(0_+) = i(0_-) = I_0$，又因为 $i_C = -C \dfrac{\mathrm{d}u_C}{\mathrm{d}t}$，所以有 $C \dfrac{\mathrm{d}u_C}{\mathrm{d}t} = -\dfrac{I_0}{C}$。将初始条件和式(5-10) 联立可得

$$\begin{cases} A_1 + A_2 = U_0 \\ \\ A_1 p_1 + A_2 p_2 = -\dfrac{I_0}{C} \end{cases}$$

首先讨论由已经充电的电容向电阻、电感放电的性质，即 $U_0 \neq 0$ 且 $I_0 = 0$，有

$$\begin{cases} A_1 = \dfrac{p_2 U_0}{p_2 - p_1} \\ \\ A_2 = -\dfrac{p_1 U_0}{p_2 - p_1} \end{cases} \tag{5-11}$$

将式(5-11) 代入式(5-10) 即可得到 RLC 串联电路的零输入响应，但特征根 p_1、p_2 与电路的参数 R、L、C 有关，根据二次方程根的判别式可知 p_1、p_2 只有 3 种可能情况，下面对这 3 种情况分别讨论。

1. $R > 2\sqrt{L/C}$，过阻尼情况

在此情况下，p_1、p_2 为两个不相等的负实数，电容电压可表示为

$$u_C = \frac{U_0}{p_2 - p_1}(p_2 e^{p_1 t} - p_1 e^{p_2 t}) \tag{5-12}$$

根据电压和电流的关系，可以求出电路的其他响应为

$$i = -C \frac{\mathrm{d}u_C}{\mathrm{d}t} = -\frac{CU_0 p_1 p_2}{p_2 - p_1}(e^{p_1 t} - e^{p_2 t})$$

$$= -\frac{U_0}{L(p_2 - p_1)}(e^{p_1 t} - e^{p_2 t}) \tag{5-13}$$

$$u_L = L\frac{\mathrm{d}i}{\mathrm{d}t} = -\frac{U_0}{p_2 - p_1}(p_1\mathrm{e}^{p_1 t} - p_2\mathrm{e}^{p_2 t}) \qquad (5\text{-}14)$$

其中，利用了 $p_1 p_2 = 1/(LC)$ 的关系。

由于 $p_1 > p_2$，因此 $t > 0$ 时 $\mathrm{e}^{p_1 t} > \mathrm{e}^{p_2 t}$，且 $\dfrac{p_2}{p_2 - p_1} > \dfrac{p_1}{p_2 - p_1} > 0$。所以 $t > 0$ 时 u_C 一直为正。从式(5-13) 可以看出，当 $t > 0$ 时，i 也一直为正，但是进一步分析可知，当 $t = 0$ 时，$i(0_+) = 0$，当 $t \to \infty$ 时，$i(\infty) = 0$，这表明 $i(t)$ 将出现极值，可以通过求一阶导数得到，即

$$p_1\mathrm{e}^{p_1 t} - p_2\mathrm{e}^{p_2 t} = 0$$

所以

$$t_{\max} = \frac{1}{p_2 - p_1}\ln\frac{p_2}{p_1}$$

其中，$t_{\max}$ 为电流达到最大的时刻。u_C、i、u_L 的波形如图 5-34 所示。

从图 5-34 可以看出，电容在整个过程中一直在释放储存的电能，称之为非振荡放电，又称为过阻尼放电。当 $t < t_{\max}$ 时，电感吸收能量，建立磁场；当 $t > t_{\max}$ 时，电感释放能量，磁场衰减，趋向消失；当 $t = t_{\max}$ 时，电感电压过零点。

2. $R < 2\sqrt{L/C}$，欠阻尼情况

当 $R < 2\sqrt{L/C}$ 时，特征根 p_1、p_2 是一对共轭复数，即

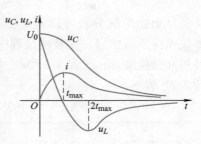

图 5-34　过阻尼放电过程中 u_C、i、u_L 的波形

$$\begin{cases} p_1 = -\dfrac{R}{2L} + \mathrm{j}\sqrt{\dfrac{1}{LC} - \left(\dfrac{R}{2L}\right)^2} = -\delta + \mathrm{j}\omega_{\mathrm{d}} \\[4mm] p_2 = -\dfrac{R}{2L} - \mathrm{j}\sqrt{\dfrac{1}{LC} - \left(\dfrac{R}{2L}\right)^2} = -\delta - \mathrm{j}\omega_{\mathrm{d}} \end{cases} \qquad (5\text{-}15)$$

式中，$\delta = \dfrac{R}{2L}$，称为振荡电路的衰减系数；$\omega_{\mathrm{d}} = \sqrt{\dfrac{1}{LC} - \left(\dfrac{R}{2L}\right)^2}$，称为振荡电路的衰减角频率。$\omega_0 = \dfrac{1}{\sqrt{LC}}$，称为无阻尼自由振荡角频率，或浮振角频率。

显然有 $\omega_0^2 = \delta^2 + \omega_{\mathrm{d}}^2$，令 $\theta = \arctan\left(\dfrac{\omega_{\mathrm{d}}}{\delta}\right)$，则有 $\delta = \omega_0\cos\theta$，$\omega_{\mathrm{d}} = \omega_0\sin\theta$，如图 5-35 所示。

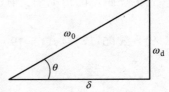

图 5-35　δ、θ、ω_{d}、ω_0 之间的关系

根据欧拉公式

$$\begin{cases} \mathrm{e}^{\mathrm{j}\theta} = \cos\theta + \mathrm{j}\sin\theta \\ \mathrm{e}^{-\mathrm{j}\theta} = \cos\theta - \mathrm{j}\sin\theta \end{cases} \qquad (5\text{-}16)$$

可得

$$p_1 = -\omega_0\mathrm{e}^{-\mathrm{j}\theta}, \quad p_2 = -\omega_0\mathrm{e}^{\mathrm{j}\theta}$$

所以有

$$u_C = \frac{U_0}{p_2 - p_1}(p_2\mathrm{e}^{p_1 t} - p_1\mathrm{e}^{p_2 t})$$

$$= \frac{U_0}{-\mathrm{j}2\omega_\mathrm{d}} \left[-\omega_0 \mathrm{e}^{\mathrm{j}\theta} \mathrm{e}^{(-\delta+\mathrm{j}\omega_\mathrm{d})t} + \omega_0 \mathrm{e}^{\mathrm{j}\theta} \mathrm{e}^{(-\delta-\mathrm{j}\omega_\mathrm{d})t} \right]$$

$$= \frac{U_0 \omega_0}{\omega_\mathrm{d}} \mathrm{e}^{-\delta t} \left[\frac{\mathrm{e}^{\mathrm{j}(\omega_\mathrm{d}t+\theta)} - \mathrm{e}^{-\mathrm{j}(\omega_\mathrm{d}t+\theta)}}{\mathrm{j}2} \right]$$

$$= \frac{U_0 \omega_0}{\omega_\mathrm{d}} \mathrm{e}^{-\delta t} \sin(\omega_\mathrm{d}t+\theta) \tag{5-17}$$

根据式（5-16）、式（5-17）可知

$$i = \frac{U_0}{\omega_\mathrm{d}L} \mathrm{e}^{-\delta t} \sin\omega_\mathrm{d}t \tag{5-18}$$

$$u_L = -\frac{U_0\omega_0}{\omega_\mathrm{d}} \mathrm{e}^{-\delta t} \sin(\omega_\mathrm{d}t-\theta) \tag{5-19}$$

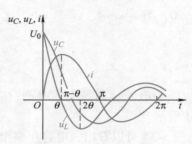

图 5-36　欠阻尼情况下 u_C、i、u_L 的波形

从上述情况分析可以看出，u_C、i、u_L 的波形呈振荡衰减状态。在衰减过程中，两种储能元件相互交换能量，见表 5-2。u_C、i、u_L 的波形如图 5-36 所示。

表 5-2　欠阻尼振荡衰减过程电阻、电容、电感的能量互换

	$0<\omega t<\theta$	$0<\omega t<\pi-\theta$	$\pi-\theta<\omega t<\pi$
电容	释放	释放	吸收
电感	吸收	释放	释放
电阻	消耗	消耗	消耗

从欠阻尼情况下 u_C、i、u_L 的表达式还能得到以下结论：

1）$\omega t = k\pi(k=0，1，2，3，\cdots)$ 为电流 i 的过零点，即 u_C 的极值点。

2）$\omega t = k\pi+\theta(k=0，1，2，3，\cdots)$ 为电感电压 u_L 的过零点，即电流 i 的极值点。

3）$\omega t = k\pi-\theta(k=0，1，2，3，\cdots)$ 为电容电压 u_C 的过零点。

在上述阻尼的情况中，有一种特殊情况，$k=0$，此时 p_1、p_2 为一对共轭虚数，即

$$p_1 = \mathrm{j}\omega_0，p_2 = -\mathrm{j}\omega_0$$

代入式（5-17）~式（5-19）可得

$$u_C = U_0\sin\left(\omega_0t+\frac{\pi}{2}\right) \tag{5-20}$$

$$i = U_0\sqrt{\frac{C}{L}}\sin\omega_0t \tag{5-21}$$

$$u_L = U_0\sin\left(\omega_0t+\frac{\pi}{2}\right) \tag{5-22}$$

由此可见，u_C、i、u_L 都是正弦函数，随时间推移其振幅并不衰减。其波形如图 5-37 所示。

3. $R = 2\sqrt{L/C}$，临界阻尼情况

在此条件下，特征方程具有重根，即

$$p_1 = p_2 = -\frac{R}{2L} = -\delta$$

全微分方程式（5-10）的通解为

$$u_C = (A_1 + A_2 t) e^{-\delta t}$$

根据初始条件可得

$$A_1 = U_0$$

$$A_2 = \delta U_0$$

所以，很容易得到

$$u_C = U_0 (1 + \delta t) e^{-\delta t} \tag{5-23}$$

$$i = -C \frac{\mathrm{d} u_C}{\mathrm{d} t} = \frac{U_0}{L} t e^{-\delta t} \tag{5-24}$$

$$u_L = L \frac{\mathrm{d} i}{\mathrm{d} t} = U_0 e^{-\delta t} (1 - \delta t) \tag{5-25}$$

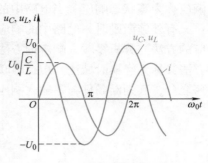

图 5-37　LC 零输入电路
无阻尼时 u_C、i、u_L 波形

显然，u_C、i、u_L 不做振荡变化，随着时间的推移
逐渐衰减，其衰减过程的波形与图 5-34 相似。此种状态是振荡过程与非振荡过程的分界线，所以将 $R = 2\sqrt{L/C}$ 的过程称为临界非振荡过程，其电阻也被称为临界电阻。

【例 5-10】　在图 5-33 电路中，已知 $R = 1000\Omega$，$C = 1\mu\mathrm{F}$，$L = 1\mathrm{H}$，$u_C(0_-) = 100\mathrm{V}$，$i_L(0_-) = 0\mathrm{A}$，开关 S 在 $t = 0$ 时闭合。试求：（1）开关闭合后的 $u_C(t)$、$i(t)$ 和 $u_L(t)$；（2）$i(t)$ 在何时达到最大值？求出 $i_{\max}$。

解：已知 $R = 1000\Omega$，而 $2\sqrt{\dfrac{L}{C}} = 2\sqrt{\dfrac{1}{1 \times 10^{-6}}}\Omega = 2000\Omega$，即有 $R < 2\sqrt{\dfrac{L}{C}}$，放电过程的性质是振荡的。

（1）根据已知参数有

$$\delta = \frac{R}{2L} = \frac{1000}{2 \times 1}\mathrm{s}^{-1} = 500\mathrm{s}^{-1}, \quad \omega_0 = \frac{1}{\sqrt{LC}} = \frac{1}{\sqrt{1 \times 10^{-6}}}\mathrm{rad/s} = 1000\mathrm{rad/s}$$

$$\omega_\mathrm{d} = \sqrt{\omega_0^2 - \delta^2} = 866\mathrm{rad/s}$$

$$\theta = \arctan \frac{\omega_\mathrm{d}}{\delta} = \arctan \frac{866}{500} = \frac{\pi}{3}\mathrm{rad}$$

由式 (5-20) ~ 式 (5-22) 得

$$u_C(t) = \frac{\omega_0 U_0}{\omega_\mathrm{d}} e^{-\delta t} \sin(\omega_\mathrm{d} t + \theta) = 115 e^{-500t} \sin\left(866t + \frac{\pi}{3}\right)\mathrm{V}$$

$$i(t) = \frac{U_0}{\omega_\mathrm{d} L} e^{-\delta t} \sin\omega_\mathrm{d} t = 115 e^{-500t} \sin 866t\,\mathrm{mA}$$

$$u_L(t) = -\frac{\omega_0 U_0}{\omega_\mathrm{d}} e^{-\delta t} \sin(\omega_\mathrm{d} t - \theta)$$

$$= -115 e^{-500t} \sin\left(866t - \frac{\pi}{3}\right)\mathrm{V}$$

（2）由图 5-36 可以看出，$i(t)$ 在电感电压 $u_L(t)$ 的第一个过零点时达到最大值。根据 $u_L(t)$ 的表达式可得 $\omega_\mathrm{d} t - \theta = 0$，即 $t = \dfrac{\theta}{\omega_\mathrm{d}} = \dfrac{\pi/3}{866}$ 时有最大电流 $i_{\max}$，所以

$$i_{\max} = 115 e^{-500 \times \frac{\pi/3}{866}} \sin\left(866 \times \frac{\pi/3}{866}\right)\mathrm{mA} = 54.64\mathrm{mA}$$

在 RLC 串联二阶电路中，当电路中的初始储能都为零时，仅由外施激励在电路中引起

的响应称为零状态响应。当电路中的初始储能 $u_C(0_-)$ 和 $i_L(0_-)$ 其中之一或两者都不为零、又有外施激励时，电路中的响应称为全响应。在时域中，分析二阶电路零状态响应和全响应的方法与分析零输入响应的方法类似，即建立微分方程并根据电路的初始条件求解，这种方法又称为经典时域法。RLC 串联二阶电路的零状态响应和全响应的性质，也有振荡和非振荡之分，其判断条件与零输入响应相同。

本章小结

1. 过渡过程产生的条件

有储能元件（L、C）的电路在电路状态发生变化（如电路接入电源、从电源断开、电路参数改变等）时存在过渡过程，纯电阻（R）电路，不存在过渡过程。

2. 换路定律

在换路瞬间，电容两端的电压、电感中的电流不能突变。

设 $t=0$ 时换路，0_- 表示换路前瞬间，0_+ 表示换路后瞬间。

$$\begin{cases} u_C(0_+) = u_C(0_-) \\ i_L(0_+) = i_L(0_-) \end{cases}$$

3. 初始值计算

初始值（起始值）：电路中 u、i 在 $t=0_+$ 时的大小。

求解要点：

1）$\begin{cases} u_C(0_+) = u_C(0_-) \\ i_L(0_+) = i_L(0_-) \end{cases}$

2）根据电路的基本定律和换路后的等效电路，确定其他电量的初始值。

4. 三要素概念

一阶电路是指含有一个储能元件的电路。一阶电路的瞬态过程是电路变量由初始值按指数规律趋向新的稳态值，趋向新稳态值的速度与时间常数有关。其瞬态过程的通式为

$$f(t) = f(\infty) + [f(0_+) - f(\infty)] e^{-\frac{t}{\tau}}$$

式中，$f(0_+)$ 为瞬态变量的初始值；$f(\infty)$ 为瞬态变量的稳态值；τ 为电路的时间常数。

可见，只要求出 $f(0_+)$、$f(\infty)$ 和 τ 就可写出瞬态过程的表达式。

把 $f(0_+)$、$f(\infty)$ 和 τ 称为三要素，这种方法称为三要素法。

如 RC 串联电路的电容充电过程中，$u_C(0_+) = 0$，$u_C(\infty) = E$，$\tau = RC$，则

$$u_C(t) = u_C(\infty) + [u_C(0_+) - u_C(\infty)] e^{-\frac{t}{\tau}}$$

结果与理论推导完全相同，关键是三要素的计算。

$f(0_+)$ 由换路定律求得，$f(\infty)$ 是电容相当于开路、电感相当于短路时求得的新稳态值。

$\tau = RC$ 或 $\tau = L/R$，R 为换路后从储能元件两端看进去的电阻。

5. 三个要素的意义

1）稳态值 $f(\infty)$：换路后，电路达到新稳态时的电压或电流值。当直流电路处于稳态时，电路的处理方法是：电容开路，电感短路，用求稳态电路的方法求出所求量的新稳态值。

2）初始值 $f(0_+)$：任意元件上的电压或电流的初始值。

3）时间常数 τ：用来表征暂态过程进行快慢的参数，单位为 s。

它的意义在于：

① τ 越大，暂态过程的速度越慢；τ 越小，暂态过程的速度越快。

② 理论上，当 t 为无穷大时，暂态过程结束；实际中，当 $t = (3 \sim 5)\tau$ 时，认为暂态过程结束。

时间常数的求法是：对于 RC 电路 $\tau = RC$，对于 RL 电路 $\tau = L/R$。这里 R、L、C 都是等效值，其中 R 是把换路后的电路变成无源电路，从电容（或电感）两端看进去的等效电阻（同戴维宁定理求 R_0 的方法）。

③ 同一电路中，各个电压、电流量的 τ 相同，充、放电的速度相同。

6. 三种响应

电路分析中，外部输入电源通常称为激励；在激励下，各支路中产生的电压和电流称为响应。不同的电路换路后，电路的响应是不同的时间函数。

1）零输入响应是指无电源激励，输入信号为零，仅由初始储能引起的响应，其实质是电容放电的过程，即 $f(t) = f(0_+) e^{-\frac{t}{\tau}}$。

2）零状态响应是指换路前初始储能为零，仅由外加激励引起的响应，其实质是电源给电容充电的过程，即 $f(t) = f(\infty)(1 - e^{-\frac{t}{\tau}})$。

3）全响应是指电源激励和初始储能共同作用的结果，其实质是零输入响应和零状态响应的叠加。

$$f(t) = \underbrace{f(0_+) e^{-\frac{t}{\tau}}}_{零输入响应} + \underbrace{f(\infty)(1 - e^{-\frac{t}{\tau}})}_{零状态响应}$$

应用三要素法求出的暂态方程可满足在阶跃激励下所有一阶线性电路的响应情况，如从 RC 电路的暂态分析所得出的电压和电流的充、放电曲线如图 5-38 所示，这 4 种情况都可以用三要素法直接求出和描述，因此三要素法是既简单又准确的方法。

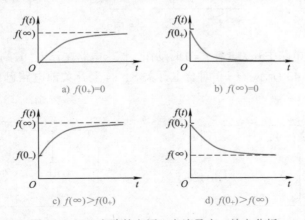

图 5-38 RC 电路的电压、电流及充、放电分析

7. 二阶 RLC 串联电路的零输入响应

在 RLC 串联二阶电路中，元件参数决定了电路过渡过程的性质。当 $R > 2\sqrt{L/C}$ 时，微分方程的特征根为一对不相等的实根，其响应是非振荡的（过阻尼情况）；当 $R > 2\sqrt{L/C}$

时，微分方程的特征根为一对共轭复根，其响应是振荡的（欠阻尼情况）；当 $R = 2\sqrt{L/C}$ 时，微分方程的特征根为两个相等的负实根，其响应是非振荡的（临界阻尼情况）；当 $R = 0$ 时，电路中的响应电压和电流都是等幅振荡的（无阻尼情况），这是欠阻尼情况下的特例。

习　题

5.1　什么是电路的过渡过程？包含哪些元件的电路存在过渡过程？

5.2　什么叫换路？在换路瞬间，电容两端的电压初始值应等于什么？

5.3　（1）在 RC 充电及放电电路中，怎样确定电容两端的电压初始值？

（2）RC 充电电路中，电容两端的电压按照什么规律变化？充电电流又按什么规律变化？RC 放电电路呢？

（3）一阶 RL 电路与一阶 RC 电路的时间常数相同吗？其中 R 是指某一电阻吗？

（4）一阶 RL 电路的零输入响应中，电感两端的电压按照什么规律变化？电感中的电流又按什么规律变化？一阶 RL 电路的零状态响应呢？

5.4　电路如图 5-39 所示。开关闭合前电路已达到稳态，求换路后的瞬间，电容两端的电压和各支路的电流。

5.5　电路如图 5-40 所示。开关闭合前电路已得到稳态，求换路后的瞬间电感的电压和各支路的电流。

5.6　图 5-41 所示电路中开关 S 在 $t = 0$ 时动作，试求电路在 $t = 0_+$ 时刻电压、电流的初始值。

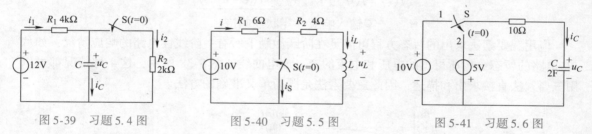

图 5-39　习题 5.4 图　　　　图 5-40　习题 5.5 图　　　　图 5-41　习题 5.6 图

5.7　图 5-42 所示电路中开关 S 在 $t = 0$ 时动作，试求电路在 $t = 0_+$ 时刻电压、电流的初始值。

5.8　电路如图 5-43 所示，$t = 0$ 时合上开关 S，合上开关前电路已处于稳态，试求电容电压 u_C 和电流。

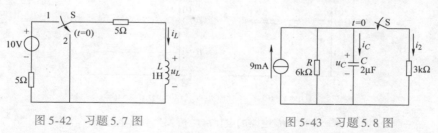

图 5-42　习题 5.7 图　　　　　　图 5-43　习题 5.8 图

5.9　电路如图 5-44 所示，开关 S 闭合前电路已处于稳态。$t = 0$ 时 S 闭合，试求：$t \geq 0$ 时电容电压 u_C 及电流 i_C、i_1 和 i_2。

5.10　如图 5-45 所示，$t < 0$ 时电路稳定，$t = 0$ 时开关 S 闭合，求 $t > 0$ 后的 $i_L(t)$，并定

性地画出它的曲线。

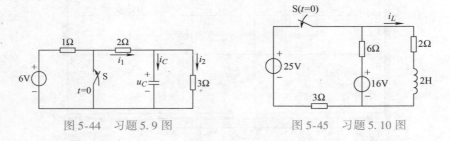

图 5-44 习题 5.9 图   图 5-45 习题 5.10 图

5.11 电路如图 5-46 所示，$t<0$ 时电路稳定，$t=0$ 时开关 S 从 1 合向 2，求 $t>0$ 后的 $i(t)$，并定性地画出它的曲线。

5.12 图 5-47 所示电路中，已知 $R=250\Omega$，$C=25\mu F$，$L=0.25H$，$u_C(0)=300V$，$i_L(0_-)=1.2A$，开关 S 在 $t=0$ 时闭合。试求开关闭合后的 $u_C(t)$、$i(t)$ 和 $u_L(t)$。

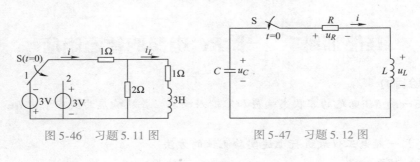

图 5-46 习题 5.11 图   图 5-47 习题 5.12 图

电 路 仿 真

图 5-48 所示为 RC 积分电路，选取脉冲信号频率为 100kHz，对应的脉冲宽度远小于时间常数 RC，满足积分电路工作条件。图 5-49 所示为积分电路工作的输入、输出波形，输入为脉冲波，输出为三角波。

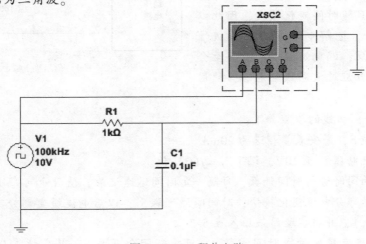

图 5-48 RC 积分电路

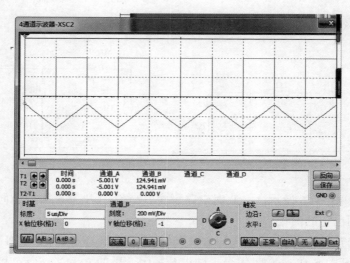

图 5-49　积分电路工作的输入、输出波形

技能训练5　一阶RC电路的暂态响应

一、实验目的

1）测定一阶 RC 电路的零状态响应和零输入响应，并从响应曲线中求出 RC 电路的时间常数 τ。

2）熟悉用一般电工仪表进行上述实验测试的方法。

二、实验内容

1. 测定一阶 RC 电路零状态响应

接线如图 5-50 所示。

图 5-50 中 C 为 $1000\mu F/50V$ 大容量电解电容，实际电容量由实验测定 τ 后求出，$C = \tau/R$，因电解电容的电容量误差允许为 $-20\% \sim 20\%$，且随时间变化较大，因此以实测为准。另外，电解电容是有正负极性的，如果极性接反，漏电流会过大，甚至会因内部电流的热效应过大而毁坏电容，使用时必须特别注意！

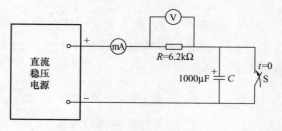

图 5-50　一阶 RC 电路零状态响应

测定 $i_C = f(t)$ 曲线的步骤如下：

1）闭合开关 S，毫安表量程选为 20mA。

2）调节直流电压 U 至 10V，记下 $i_C = f(0)$ 值。

3）打开 S 的同时进行时间计数，每隔一定时间迅速记录 i_C 值（也可每次读数均从 $t = 0$ 开始），响应起始部分电流变化较快，时间间隔可取 5s，以后电流缓变部分可取更长的间隔（计时器可用手表），并将实验结果填入表 5-3。

为了能较准确直接地读取时间常数 τ，可重新闭合开关 S，并先计算 $0.368i_C$（0）的值，打开 S 后读取电流表在 $t = \tau$ 时的值。

表 5-3　实验结果

U			R				C		$i_C(0)$		
T/s	0	5	8	12	15	18	21	24	28	32	36	40
i_C												
直接测定 τ		由曲线两点计算 τ			由次切距计算 τ			平均 τ				

测定 $u_C = f(t)$ 曲线的步骤如下：

1）在 R 上并联直流电压表，量程为 20V。

2）闭合 S，使 $U = 10$V，并保持不变。

3）打开 S 的同时进行时间计数，方法同上，并将实验结果填入表 5-4。

表 5-4　实验结果

T/s	0	5	8	12	15	18	21	24	28	32	36
U_R											
U_C											
直接测量 τ		由曲线两点计算 τ			由次切距计算 τ			平均 τ			

2．测定一阶 RC 电路零输入响应

按图 5-51 接线（$r = 20\Omega$），参数不变，即电压取 10V。高校自研电工实验柜的 $R = 6.2$kΩ，$C = 1000\mu$F；天煌电工实验柜子的 $R = 6.2$kΩ，$C = 1000\mu$F。

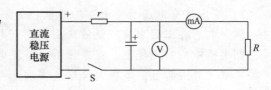

图 5-51　一阶 RC 电路零输入响应

测定 $i_C = f(t)$ 及 $u_C = f(t)$ 曲线的步骤如下：

1）闭合 S，调节 $U = 10$V。

2）打开 S 的同时进行时间计数，方法同上，并将实验结果填入表 5-5。

3）计算 $i_C = U_C / R_V$。

表 5-5　实验结果

U			r				R				
T/s	0	5	8	12	15	18	21	24	28	32	36	40
U_C												
i_C												

三、实验报告

1）完成一阶 RC 电路两种响应的实验测试。

2）绘制 $u_C = f(t)$ 及 $i_C = f(t)$ 两种响应曲线。

3）用不同方法求出时间常数 τ，加以比较。

第6章　互感电路分析应用

📠 学习目标

1) 了解互感的概念、互感电压的表示方法。
2) 掌握同名端的概念及判别方法。
3) 掌握互感电路顺向串联及反向串联电路连接分析，同侧并联及反侧并联电路分析。
4) 掌握理想变压器的变换关系：变电压、变电流、阻抗匹配。

📠 技能要求

1) 交流及直流法测试互感线圈的同名端。
2) 变压器变电压及变电流的测试。

耦合电感在工程中有广泛的应用，耦合电感元件属于多端元件，在实际电路中，如收音机、电视机中的中周线圈、振荡线圈，整流电源里使用的变压器等都是耦合电感元件，熟悉这类多端元件的特性，掌握包含这类多端元件电路问题的分析方法是非常必要的。本章主要介绍互感的概念、互感线圈同名端及磁通方程、电压电流关系，同时还简要介绍含有耦合电感的电路的分析计算、理想变压器的初步概念。

6.1　互感基本概念

载流线圈之间通过彼此的磁场相互联系的物理现象称为磁耦合。图 6-1 所示为两个有耦合关系的线圈，载流线圈 1 中通入电流 i_1 时，在线圈 1 中产生磁通 Φ_{11}，同时有部分磁力线穿过线圈 2，在线圈 2 中产生磁通 Φ_{21}，这部分磁通称为互感磁通。电流 i_1 称为施感电流，线圈的匝数分别为 N_1 和 N_2。如图 6-1 所示，根据线圈的绕向、电流 i_1 的参考方向，利用右手螺旋定则可以判断施感电流产生的磁通方向和彼此交链的情况。交链自身线圈的磁通链设为 Ψ_{11}，称为自感磁通链；交链线圈 2 的磁通链设为 Ψ_{21}，称为互感磁通链。

如果两个线圈中都有电流时，根据电磁原理它们都会在各自的线圈中产生自感磁通链，同时根据耦合情况都会在对方线圈中产生互感磁通链，如图 6-2 所示，根据电流方向和线圈绕向，利用右手螺旋定则判断各变量方向。

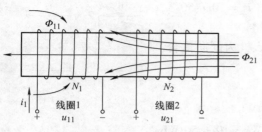

图 6-1　耦合电感单线圈通电

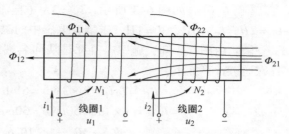

图 6-2　耦合电感双线圈通电

磁链等于磁通与线圈匝数的乘积，即 $\Psi = N\Phi$，当周围空间是各向同性的线性磁介质时，每一磁链都与产生它的施感电流成正比。

当单一线圈施感时，如图 6-1 所示，则有 $\Psi_{11} = L_1 i_1$，L_1 为自感系数，简称自感，单位亨特（H）。

$\Psi_{21} = M_{21} i_1$，M_{21} 为互感系数，简称互感，单位亨特（H）。

当两个线圈都有电流时，如图 6-2 所示，则自感磁通链为

$$\Psi_{11} = L_1 i_1, \quad \Psi_{22} = L_2 i_2$$

互感磁通链为

$$\Psi_{12} = M_{12} i_2, \quad \Psi_{21} = M_{21} i_1$$

其中，L_1 和 L_2 为自感系数，M_{21} 和 M_{21} 为互感系数。可以证明 $M_{21} = M_{21}$，所以当只有两个线圈耦合时可以略去下标，即有 $M = M_{21} = M_{21}$。如果线圈 1 和 2 中的合成磁通链分别设为 Ψ_1（与 Ψ_{11} 同向）和 Ψ_2（与 Ψ_{22} 同向），耦合电感中每一线圈的磁链为自磁链与互磁链的代数和，即

$$\begin{cases} \Psi_1 = \Psi_{11} \pm \Psi_{12} = L_1 i_1 \pm M_{12} i_2 \\ \Psi_2 = \Psi_{22} \pm \Psi_{21} = L_2 i_2 \pm M_{21} i_1 \end{cases} \tag{6-1}$$

注意：M 值与线圈的形状、相对位置、空间磁介质有关，与线圈中的电流无关，满足 $M_{12} = M_{21}$。

式（6-1）表明，耦合线圈中磁通链与施感电流呈线性关系，是各施感电流独立产生的磁通链叠加的结果。互感 M 前面的"±"号说明在磁耦合中，互感作用有增强和削弱磁场的两种可能性。式中取"+"表示互感磁通链与线圈自感磁通链方向相同，自感方向的磁场得到增强，称为同向耦合。工程上将同向耦合状态下的一对施感电流（i_1 和 i_2）的流入端（或流出端），称为同名端，并用同一符号标出，如图 6-3 所示，用"＊"标出的 1 端和 2 端为耦合的同名端同名端可以用实验方法判断，在后续的技能实训中详细讲解。反之，式中取"-"表示互感磁通链与线圈自感磁通链方向相反，施感电流从异名端流入，总有 $\Psi_1 < \Psi_{11}$，$\Psi_2 < \Psi_{22}$，自感方向的磁场得到削弱，称为反向耦合。引入同名端概念后，可以采用图 6-3 所示的带有互感 M 和同名端标记的电感 L_1 和 L_2 表示耦合电感，M 表示互感。根据图 6-3 得

$$\Psi_1 = \Psi_{11} + \Psi_{12} = L_1 i_1 + M i_2$$
$$\Psi_2 = \Psi_{22} + \Psi_{21} = L_2 i_2 + M i_1$$

其中，M 前取"+"，表示同向耦合。互感元件可以看作有 4 个端子的二端口电路元件。

【例 6-1】 如图 6-3 所示，$i_1 = 3\mathrm{A}$（直流），$i_2 = 10\cos50t\mathrm{A}$，$L_1 = 2\mathrm{H}$，$L_2 = 3\mathrm{H}$，$M = 1\mathrm{H}$。求耦合电感中的磁通链。

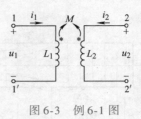

图 6-3 例 6-1 图

解：由图 6-3 知，施感电流都是从同名端流入，为同向耦合，各磁通链计算如下：

$$\Psi_{11} = L_1 i_1 = 2 \times 3\mathrm{Wb} = 6\mathrm{Wb}$$

$$\Psi_{22} = L_2 i_2 = 3 \times 10\cos50t\mathrm{Wb} = 30\cos50t\mathrm{Wb}$$

$$\Psi_{12} = M i_2 = 1 \times 10\cos50t\mathrm{Wb} = 10\cos50t\mathrm{Wb}$$

$$\Psi_{21} = M i_1 = 1 \times 3\mathrm{Wb} = 3\mathrm{Wb}$$

最后得

$$\Psi_1 = \Psi_{11} + \Psi_{12} = (6 + 10\cos50t)\,\mathrm{Wb}$$

$$\Psi_2 = \Psi_{22} + \Psi_{21} = (3 + 30\cos50t)\,\mathrm{Wb}$$

耦合电感中磁通链 Ψ_1、Ψ_2 不仅与施感电流大小有关，还有线圈的结构、相对位置和空间磁介质决定的线圈耦合紧密程度有关。工程上为了定量地描述两个耦合线圈的紧密程度，把两线圈互感磁通链与自感磁通链比值的几何平均值定义为耦合因数，记为 k，即有

$$k \overset{\mathrm{def}}{=} \sqrt{\frac{|\Psi_{12}|}{\Psi_{11}}\frac{|\Psi_{21}|}{\Psi_{22}}}$$

将 $\Psi_{11} = L_1 i_1$，$|\Psi_{12}| = M i_2$，$|\Psi_{21}| = M i_1$，$\Psi_{22} = L_2 i_2$ 代入得

$$k \overset{\mathrm{def}}{=} \frac{M}{\sqrt{L_1 L_2}} \leqslant 1 \tag{6-2}$$

耦合因数 k 与线圈的结构、相对位置、空间磁介质有关。

实际中由于漏磁通的存在 k 总是小于 1。当两个线圈紧密缠绕在一起时，k 接近于 1，此时称为全耦合。理想全耦合时，漏磁通 $\Phi_{s1} = \Phi_{s2} = 0$，即 $\Phi_{11} = \Phi_{21}$，$\Phi_{22} = \Phi_{12}$，则有

$$L_1 = \frac{N_1 \Phi_{11}}{i_1}, \quad L_2 = \frac{N_2 \Phi_{22}}{i_2}$$

$$M_{21} = \frac{N_2 \Phi_{21}}{i_1}, \quad M_{12} = \frac{N_1 \Phi_{12}}{i_2}$$

则

$$M_{12} M_{21} = L_1 L_2, \quad M^2 = L_1 L_2$$

$$k = 1$$

当 $M = 0$ 时，$k = 0$，此时无耦合。互感系数 M 不会大于 $\sqrt{L_1 L_2}$。

当线圈 1 中通入电流 i_1 时，在线圈 1 中产生磁通，同时有部分磁通穿过临近线圈 2。当 i_1 为时变电流时，磁通也将随时间变化，从而在线圈两端产生感应电压。当 i_1、u_{11}、u_{21} 的方向与 Φ 符合右手定则时（如图 6-1 中设定），根据电磁感应定律和楞次定律得

$$u_{11} = \frac{\mathrm{d}\Psi_{11}}{\mathrm{d}t} = N_1\frac{\mathrm{d}\Phi_{11}}{\mathrm{d}t} \quad u_{21} = \frac{\mathrm{d}\Psi_{21}}{\mathrm{d}t} = N_2\frac{\mathrm{d}\Phi_{21}}{\mathrm{d}t}$$

式中，u_{11} 为自感电压；u_{21} 为互感电压；Ψ 为磁通链。

当线圈周围无铁磁性物质（空心线圈）时，有

$$u_{11} = L_1 \frac{di_1}{dt} \quad (L_1 = \frac{\Psi_{11}}{i_1})$$

$$u_{21} = M_{21} \frac{di_1}{dt} \quad (M_{21} = \frac{\Psi_{21}}{i_1})$$

式中，L_1 为线圈 1 的自感系数；M_{21} 为线圈 1 对线圈 2 的互感系数。

同理，当线圈 2 中通电流 i_2 时会产生磁通 Φ_{22}、Φ_{12}。i_2 为时变电流时，线圈 2 和线圈 1 两端分别产生感应电压 u_{22}、u_{12}，如图 6-4 所示，则有

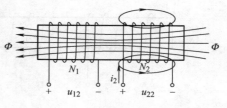

图 6-4　线圈 2 通电情况

$$u_{12} = \frac{d\Psi_{12}}{dt} = N_1 \frac{d\Phi_{12}}{dt} = M_{12}\frac{di_2}{dt} \quad (M_{12} = \frac{\Psi_{12}}{i_2})$$

$$u_{22} = \frac{d\Psi_{22}}{dt} = N_2 \frac{d\Phi_{22}}{dt} = L_2 \frac{di_2}{dt} \quad (L_2 = \frac{\Psi_{22}}{i_2})$$

如果耦合电感 L_1 和 L_2 中流过变动的电流，即当 i_1、i_2 随时间变化时，磁通也将随时间变化，根据电磁感应原理，在线圈两端产生感应电压。按图 6-3 所示设电压、电流的参考方向，则有

$$\begin{cases} \Psi_1 = \Psi_{11} \pm \Psi_{12} = L_1 i_1 \pm M_{12} i_2 \\ \Psi_2 = \Psi_{22} \pm \Psi_{21} = L_2 i_2 \pm M_{21} i_1 \end{cases}$$

$$\begin{cases} u_1 = \dfrac{d\Psi_1}{dt} = L_1 \dfrac{di_1}{dt} \pm M \dfrac{di_2}{dt} = u_{11} \pm u_{12} \\ u_2 = \dfrac{d\Psi_2}{dt} = M \dfrac{di_1}{dt} \pm L_2 \dfrac{di_2}{dt} = u_{21} \pm u_{22} \end{cases} \quad (6\text{-}3)$$

式中，u_{11}、u_{22} 为自感电压；u_{12}、u_{21} 为互感电压。

互感电压前 "$\pm$" 的选取：若互感电压的 "$+$" 极性端子与产生它的电流流进的端子为一对同名端，互感电压前取 "$+$"，否则前取 "$-$"。或者看自感磁通链与互感磁通链的关系来确定，当两线圈的自磁链和互磁链方向一致时，互感电压取 "$+$"，否则取 "$-$"。这表明互感电压的正、负：

1）与电流的参考方向有关。

2）与线圈的相对位置和绕向有关。

在正弦交流电路中，常采用相量形式分析，互感电压相量形式的方程为

$$\dot{U}_1 = j\omega L_1 \dot{I}_1 \pm j\omega M \dot{I}_2$$

$$\dot{U}_2 = j\omega L_2 \dot{I}_2 \pm j\omega M \dot{I}_1$$

6.2　互感线圈的同名端

对于单一电感的自感电压的求解，如图 6-5 所示，当 u、i 取关联参考方向时，u、i 与 Φ 符合右手螺旋定则，其表达式为

$$u_{11} = \frac{d\Psi_{11}}{dt} = N_1 \frac{d\Phi_{11}}{dt} = L_1 \frac{di_1}{dt}$$

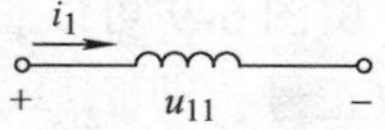

图 6-5　自感电压、电流

上式说明，同一线圈上的电压、电流，只要确定了参考方向，自感电压的数学描述便可容易地写出，不用考虑线圈绕向。

在分析由施感电流引起的互感电压时，必须明确互感线圈的绕向，如图 6-6a 所示，图中施感电流如果由 A 端流入，互感线圈上的感应电压方向为由 B 至 Y。而图 6-6b 中由于互感线圈的绕向发生了改变，互感线圈上的感应电压方向为由 Y 至 B。

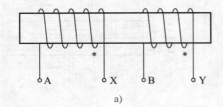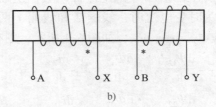

图 6-6　互感元件同名端

因产生互感电压的电流在另一线圈上，因此要确定其方向，就必须知道两个线圈的绕向。这在电路分析中显得很不方便，为解决这个问题引入同名端的概念。

同名端：当两个施感电流分别从两个线圈的对应端子同时流入或流出时，若产生的磁通相互加强，则这两个对应端子称为两互感线圈的同名端。在电路图中一般用"＊"或者"·"标注，如图 6-3 所示。

同名端主要利用右手螺旋定则判断，如图 6-7 所示。

1）当两个线圈中电流同时由同名端流入（或流出）时，两个电流产生的磁场相互增强。

2）当随时间增大的时变电流从一线圈的一端流入时，将会引起另一线圈相应同名端的电位升高。

同名端必须是两两对应确定，如图 6-8 所示，同时有 3 个线圈同柱绕制，它们之间的同名端标注在图中，读者可以根据右手螺旋定则和同名端定义，自行判断。

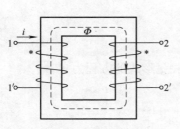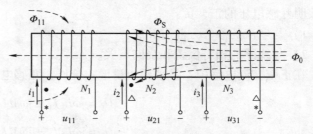

图 6-7　同名端判断　　　　图 6-8　三线圈互感两两标注同名端

有了同名端，设定互感电压的参考方向时，就不必再画出线圈的绕向。在直流电路中，电压和电流的参考方向可以任意建立，但在假设互感电压的参考方向时，为了解题方便和符合习惯，一般按照同名端原则进行，如图 6-9 所示。

由图 6-9 可以看出，当互感电压与同名端电流方向取关联参考方向时，互感线圈特性方程取正号，即 $u_{21} = Mdi/dt$，如图 6-9a 所示；反之，当互感电压与同名端电流方向取非关联参考方向时，互感线圈特性方程取负号，即 $u_{21} = -Mdi/dt$，如图 6-9b 所示。只有这样，互感电压的正、负号才有意义。

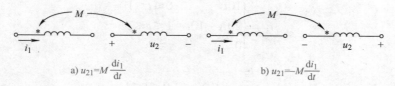

a) $u_{21}=M\dfrac{\mathrm{d}i_1}{\mathrm{d}t}$　　　　　　b) $u_{21}=-M\dfrac{\mathrm{d}i_1}{\mathrm{d}t}$

图 6-9　同名端与互感电压、电流方向确定互感特性方程

【例 6-2】　试列出图 6-10 中每个互感线圈电路中的电压、电流方程。

解：根据同名端定义，利用 KVL 可以得到互感线圈电路电压、电流方程。

图 6-10a：

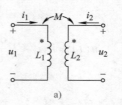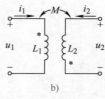

a)　　　　　　　　b)

$$u_1 = u_{11} + u_{12} = L_1 \frac{\mathrm{d}i_1}{\mathrm{d}t} + M \frac{\mathrm{d}i_2}{\mathrm{d}t}$$

$$u_2 = u_{21} + u_{22} = M \frac{\mathrm{d}i_1}{\mathrm{d}t} + L_2 \frac{\mathrm{d}i_2}{\mathrm{d}t}$$

图 6-10b：

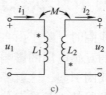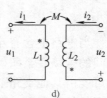

c)　　　　　　　　d)

$$u_1 = u_{11} - u_{12} = L_1 \frac{\mathrm{d}i_1}{\mathrm{d}t} - M \frac{\mathrm{d}i_2}{\mathrm{d}t}$$

图 6-10　例 6-2 图

$$u_2 = -u_{21} + u_{22} = -M \frac{\mathrm{d}i_1}{\mathrm{d}t} + L_2 \frac{\mathrm{d}i_2}{\mathrm{d}t}$$

图 6-10c：

$$u_1 = u_{11} + u_{12} = L_1 \frac{\mathrm{d}i_1}{\mathrm{d}t} + M \frac{\mathrm{d}i_2}{\mathrm{d}t}$$

$$u_2 = -u_{21} - u_{22} = -M \frac{\mathrm{d}i_1}{\mathrm{d}t} - L_2 \frac{\mathrm{d}i_2}{\mathrm{d}t}$$

图 6-10d：

$$u_1 = -u_{11} - u_{12} = -L_1 \frac{\mathrm{d}i_1}{\mathrm{d}t} - M \frac{\mathrm{d}i_2}{\mathrm{d}t}$$

$$u_2 = -u_{21} - u_{22} = -M \frac{\mathrm{d}i_1}{\mathrm{d}t} - L_2 \frac{\mathrm{d}i_2}{\mathrm{d}t}$$

【例 6-3】　如图 6-11 所示，已知 $R_1 = 10\Omega$，$L_1 = 5\mathrm{H}$，$L_2 = 2\mathrm{H}$，$M = 1\mathrm{H}$，求 $u(t)$ 和 $u_2(t)$。

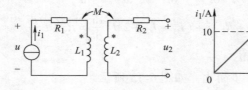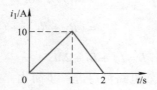

图 6-11　例 6-3 图

解：由题意可得

$$i_1 = \begin{cases} 10t & 0 \leq t \leq 1 \\ 20\text{A} - 10t & 1 \leq t \leq 2 \\ 0 & t \geq 2 \end{cases}$$

所以

$$u_2(t) = M\frac{\mathrm{d}i_1}{\mathrm{d}t} = \begin{cases} 10\text{V} & 0 \leq t \leq 1 \\ -10\text{V} & 1 \leq t \leq 2 \\ 0 & t \geq 2 \end{cases}$$

$$u(t) = R_1 i_1 + L\frac{\mathrm{d}i_1}{\mathrm{d}t} = \begin{cases} 100t + 50\text{V} & 0 \leq t \leq 1 \\ -100t + 150\text{V} & 1 \leq t \leq 2 \\ 0 & t \geq 2 \end{cases}$$

6.3 互感线圈的串并联连接

当电路中含有互感线圈时，除了由自感所引起的自感电压外，还必须考虑由于互感线圈之间的磁场联系所引起的互感电压的影响。这些互感电压可能由本支路上的互感线圈引起，也可能由其他支路上的线圈引起，这就要求在进行具体的分析计算时，注意由于互感作用而出现的特殊问题。互感电路的正弦稳态分析可采用相量法，但应注意耦合电感上的电压包含自感和互感两部分电压，在利用 KVL 列写方程时，要正确使用同名端计入互感电压。

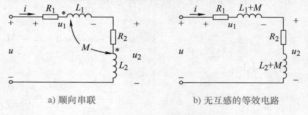

a) 顺向串联   b) 无互感的等效电路

图 6-12 耦合电感串联电路

图 6-12a 所示为一种串联互感电路，从图中可以看出为两个电感按同名端顺次串联，电流从同名端流入，为同向耦合，故称为顺向串联（另外一种为反向串联，反向耦合状态），按图示设定参考方向，利用 KVL 列写回路电压方程为

$$\begin{cases} u_1 = R_1 i + L_1 \dfrac{\mathrm{d}i}{\mathrm{d}t} + M\dfrac{\mathrm{d}i}{\mathrm{d}t} = R_1 i + (L_1 + M)\dfrac{\mathrm{d}i}{\mathrm{d}t} \\ u_2 = R_2 i + L_2 \dfrac{\mathrm{d}i}{\mathrm{d}t} + M\dfrac{\mathrm{d}i}{\mathrm{d}t} = R_2 i + (L_2 + M)\dfrac{\mathrm{d}i}{\mathrm{d}t} \end{cases} \tag{6-4}$$

根据上述电压方程可以给出无互感（去耦）的等效电路，如图 6-12b 所示。根据 KVL 可以得到等效电路回路电压方程为

$$u = R_1 i + L_1 \frac{\mathrm{d}i}{\mathrm{d}t} + M\frac{\mathrm{d}i}{\mathrm{d}t} + L_2 \frac{\mathrm{d}i}{\mathrm{d}t} + M\frac{\mathrm{d}i}{\mathrm{d}t} + R_2 i$$

$$= (R_1 + R_2)i + (L_1 + L_2 + 2M)\frac{\mathrm{d}i}{\mathrm{d}t} = Ri + L\frac{\mathrm{d}i}{\mathrm{d}t}$$

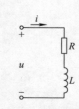

式中，$R = R_1 + R_2$；$L = L_1 + L_2 + 2M$。

根据上式，等效电路可以进一步简化，如图 6-13 所示。

等效电路电阻 R 为 $R_1 + R_2$，等效电感 $L = L_1 + L_2 + 2M$。对正弦稳态电路，可以采用相量形式表示为

图 6-13 去耦等效电路

$$\dot{U}_1 = R_1 \dot{I} + j\omega(L_1 + M)\dot{I}$$

$$\dot{U}_2 = R_2 \dot{I} + j\omega(L_2 + M)\dot{I}$$

$$\dot{U} = \dot{U}_1 + \dot{U}_2 = (R_1 + R_2)\dot{I} + j\omega(L_1 + L_2 + 2M)\dot{I}$$

则根据欧姆定律，电流 $\dot{I}$ 为

$$\dot{I} = \frac{\dot{U}}{(R_1 + R_2) + j\omega(L_1 + L_2 + 2M)} \tag{6-5}$$

每一条耦合电感支路的阻抗和电路的输入阻抗分别为

$$Z_1 = R_1 + j\omega(L_1 + M) , \; Z_2 = R_2 + j\omega(L_2 + M)$$

$$Z = (R_1 + R_2) + j\omega(L_1 + L_2 + 2M) \tag{6-6}$$

可以看出顺向串联互感电路中，每条耦合电感支路阻抗和输入阻抗都比无互感时的阻抗大，这是由于顺向串联时，互感同向耦合，线圈各自磁场增强，起增磁作用。

对于反向串联，如图 6-14a 所示，互感线圈同名端非顺次连接，电流从异名端流过每个互感线圈。

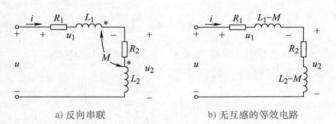

a) 反向串联   b) 无互感的等效电路

图 6-14 耦合电感反向串联电路

同样利用 KVL 分析可得到，反向串联电路方程为

$$\begin{cases} u_1 = R_1 i + L_1 \dfrac{\mathrm{d}i}{\mathrm{d}t} - M \dfrac{\mathrm{d}i}{\mathrm{d}t} = R_1 i + (L_1 - M)\dfrac{\mathrm{d}i}{\mathrm{d}t} \\[2mm] u_2 = R_2 i + L_2 \dfrac{\mathrm{d}i}{\mathrm{d}t} - M \dfrac{\mathrm{d}i}{\mathrm{d}t} = R_2 i + (L_2 - M)\dfrac{\mathrm{d}i}{\mathrm{d}t} \end{cases} \tag{6-7}$$

$$u = u_1 + u_2 = R_1 i + L_1 \frac{\mathrm{d}i}{\mathrm{d}t} - M \frac{\mathrm{d}i}{\mathrm{d}t} + L_2 \frac{\mathrm{d}i}{\mathrm{d}t} - M \frac{\mathrm{d}i}{\mathrm{d}t} + R_2 i$$

$$= (R_1 + R_2)i + (L_1 + L_2 - 2M)\frac{\mathrm{d}i}{\mathrm{d}t} = Ri + L\frac{\mathrm{d}i}{\mathrm{d}t}$$

式中

$$R = R_1 + R_2; \quad L = L_1 + L_2 - 2M$$

对应相量表达式为

$$\dot{U}_1 = R_1 \dot{I} + j\omega(L_1 - M)\dot{I}$$

$$\dot{U}_2 = R_2 \dot{I} + j\omega(L_2 - M)\dot{I}$$

$$\dot{U} = \dot{U}_1 + \dot{U}_2 = (R_1 + R_2)\dot{I} + j\omega(L_1 + L_2 - 2M)\dot{I}$$

$$\dot{I} = \frac{\dot{U}}{(R_1 + R_2) + j\omega(L_1 + L_2 - 2M)} \tag{6-8}$$

每一条耦合电感支路的阻抗和电路的输入阻抗分别为

$$Z_1 = R_1 + j\omega(L_1 - M) , \; Z_2 = R_2 + j\omega(L_2 - M)$$

$$Z = (R_1 + R_2) + j\omega(L_1 + L_2 - 2M) \tag{6-9}$$

可以看出反向串联互感电路中，每条耦合电感支路阻抗和输入阻抗都比无互感时的阻抗

小，这是由于反向串联时，互感反向耦合，线圈各自磁场被互感作用削弱，起去磁作用。

根据上述分析可以看出，互感串联时，不同的串联方式，电路中电抗会出现不同的大小（顺向串联电抗大，反向串联电抗小）。这一结论可以用来判断线圈的同名端——在同一个正弦交流电压源作用下，分别将互感线圈顺向串联和反向串联，测量两种情况下电路中的电流。根据上面的分析结论，线圈顺向串联时等效阻抗要比线圈反向串联时的等效阻抗大，所以电流较大时线圈反向串联。也就是说，两个线圈靠近的一端就是同名端，另两端也是同名端。

这一结论还可以用来测量两个互感线圈之间互感系数 M 的大小，即将互感线圈顺接一次，再反接一次，就可以测出互感系数。

$$L_S - L_F = (L_1 + L_2 + 2M) - (L_1 + L_2 - 2M)$$
$$= 4M \tag{6-10}$$
$$M = \frac{L_S - L_F}{4}$$

式中，L_S 为顺向串联电感；L_F 为反向串联电感。

忽略漏磁通，线圈全耦合，则

$$M = \sqrt{L_1 L_2}$$
$$L = L_1 + L_2 \pm 2M = L_1 + L_2 \pm 2\sqrt{L_1 L_2}$$
$$= (\sqrt{L_1} \pm \sqrt{L_2})^2$$

当 $L_1 = L_2$ 时，$M = L$。

$$L = \begin{cases} 4L_1 = 4L_2 & \text{顺向串联} \\ 0 & \text{反向串联} \end{cases}$$

耦合电感除了前述的串联连接，在有些电路中还会出现并联连接，如图 6-15a 所示为耦合电感的一种并联电路，由于同名端连接在同一节点上，称为同侧并联电路。

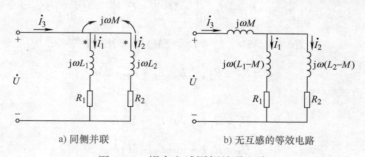

a) 同侧并联   b) 无互感的等效电路

图 6-15   耦合电感同侧并联电路

图 6-15 中给出了电路的相量模型，利用 KCL 和 KVL 分析电路，可以得到电路的电压、电流相量方程为

$$\dot{U} = (R_1 + \mathrm{j}L_1\omega)\dot{I}_1 + \mathrm{j}\omega M\dot{I}_2 = [R_1 + \mathrm{j}\omega(L_1 - M)]\dot{I}_1 + \mathrm{j}\omega M\dot{I}_3$$

$$\dot{U} = (R_2 + \mathrm{j}L_2\omega)\dot{I}_2 + \mathrm{j}\omega M\dot{I}_1 = [R_2 + \mathrm{j}\omega(L_2 - M)]\dot{I}_2 + \mathrm{j}\omega M\dot{I}_3$$

$$\dot{I}_3 = \dot{I}_1 + \dot{I}_2$$

对同侧并联电路，由 KVL 和 KCL 可以得到电压、电流方程。

除了同名端接于同一节点的同侧并联，还有同名端接于不同节点的异侧并联，如图 6-16a 所示。

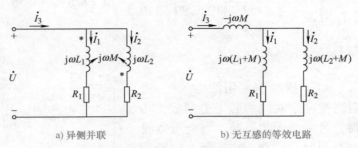

a) 异侧并联　　　　　　　　b) 无互感的等效电路

图 6-16　耦合电感异侧并联电路

同样，根据 KCL 和 KVL 可得异侧并联电路的电压、电流方程为

$$\dot{U} = (R_1 + jL_1\omega)\dot{I}_1 - j\omega M\dot{I}_2 = [R_1 + j\omega(L_1 + M)]\dot{I}_1 - j\omega M\dot{I}_3$$

$$\dot{U} = (R_2 + jL_2\omega)\dot{I}_2 - j\omega M\dot{I}_1 = [R_2 + j\omega(L_2 + M)]\dot{I}_2 - j\omega M\dot{I}_3$$

$$\dot{I}_3 = \dot{I}_1 + \dot{I}_2$$

【例 6-4】　如图 6-14a 所示电路中，正弦电压 $U = 50\text{V}$，$R_1 = 3\Omega$，$\omega L_1 = 7.5\Omega$，$R_2 = 5\Omega$，$\omega L_2 = 12.5\Omega$，$\omega M = 8\Omega$，求该互感电路电流和耦合因数。

解：耦合因数 k 为

$$k = \frac{M}{\sqrt{L_1 L_2}} = \frac{\omega M}{\sqrt{\omega L_1 \omega L_2}} = \frac{8}{\sqrt{7.5 \times 12.5}} \approx 0.826$$

电路输入阻抗为

$$\begin{aligned} Z &= (R_1 + R_2) + j\omega(L_1 + L_2 - 2M) \\ &= [3 + 5 + j(7.5 + 12.5 - 16)]\Omega \\ &= (8 + j4)\Omega \\ &= 8.94\angle 26.57°\Omega \end{aligned}$$

设，$\dot{U} = 50\angle 0°\text{V}$，则

$$\dot{I} = \frac{\dot{U}}{Z} = \frac{50\angle 0°}{8.94\angle 26.57°}\text{A} = 5.59\angle -26.57°\text{A}$$

【例 6-5】　如图 6-15a 所示电路中，正弦电压 $U = 50\text{V}$，$R_1 = 3\Omega$，$\omega L_1 = 7.5\Omega$，$R_2 = 5\Omega$，$\omega L_2 = 12.5\Omega$，$\omega M = 8\Omega$，求电路的输入阻抗和各支路电流。

解：设 $\dot{U} = 50\angle 0°\text{V}$，取 $Z_1 = R_1 + j\omega L_1$　$Z_2 = R_2 + j\omega L_2$　$Z_M = j\omega M$，由 KVL 和 KCL 得

$$\dot{U} = (R_1 + jL_1\omega)\dot{I}_1 + j\omega M\dot{I}_2 = Z_1\dot{I}_1 + Z_M\dot{I}_2$$

$$\dot{U} = (R_2 + jL_2\omega)\dot{I}_2 + j\omega M\dot{I}_1 = Z_2\dot{I}_2 + Z_M\dot{I}_1$$

联立方程求解得

$$\dot{I}_1 = \frac{Z_2 - Z_M}{Z_1 Z_2 - Z_M^2}\dot{U} = \frac{5 + j4.5}{-14.5 + j75} \times 50\angle 0°\text{A} = 4.4\angle 159.14°\text{A}$$

$$\dot{I}_2 = \frac{Z_1 - Z_M}{Z_1 Z_2 - Z_M^2} \dot{U} = \frac{3 - \text{j}0.5}{-14.5 + \text{j}75} \times 50 \angle 0° \text{A} = 1.99 \angle 110.59° \text{A}$$

$$Z = \frac{\dot{U}}{\dot{I}_1 + \dot{I}_2} = \frac{50 \angle 0°}{4.4 \angle 159.14° + 1.99 \angle 110.59°} \Omega = 8.55 \angle 74.56° \Omega$$

6.4　理想变压器

变压器是电工、电子技术中常用的电气设备，它由两个耦合线圈绕在一个共同的芯子上制成，其中一个线圈接电源，另一线圈接负载。当变压器线圈的芯子为非铁磁材料时，称空心变压器。它是一种利用互感来实现从一个电路向另一个电路传输能量或信号的器件。图 6-17 所示为空心变压器原理图。

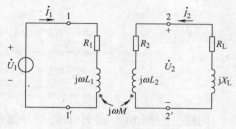

图 6-17　空心变压器原理图

空心变压器中与电源相连的一边称为一次侧，其线圈称为一次绕组；与负载相连的一边称为二次侧，其线圈称为二次绕组，图 6-17 中 R_1、R_2、L_1、L_2 分别表示一、二次侧的电阻、电感，$Z_L = R_L + \text{j}X_L$ 为负载阻抗。若在一次绕组上加一个正弦交流电压 $\dot{U}_1$，假设一、二次绕组上电压、电流参考方向如图 6-17 所示，根据 KVL，可得方程

$$\begin{cases} (R_1 + \text{j}\omega L_1)\dot{I}_1 + \text{j}\omega M \dot{I}_2 = \dot{U}_1 \\ \text{j}\omega M \dot{I}_1 + (R_2 + \text{j}\omega L_2 + R_L + \text{j}X_L)\dot{I}_2 = 0 \end{cases}$$

令 $Z_{11} = R_1 + \text{j}\omega L_1$ 为一次侧回路阻抗，$Z_{22} = R_2 + \text{j}\omega L_2 + R_L + \text{j}X_L$ 为二次侧回路阻抗，$Z_M = \text{j}\omega M$，则

$$\begin{cases} Z_{11}\dot{I}_1 + Z_M \dot{I}_2 = \dot{U}_1 \\ Z_M \dot{I}_1 + Z_{22}\dot{I}_2 = 0 \end{cases}$$

$$\dot{I}_1 = \frac{\dot{U}_1}{Z_{11} - \dfrac{Z_M^2}{Z_{22}}} \tag{6-11}$$

$$\dot{I}_2 = \frac{-Z_M \dot{U}_1}{Z_{11} Z_{22} - Z_M^2} \tag{6-12}$$

根据上述分析可以把空心变压器电路一、二次侧分别等效，其等效电路如图 6-18 所示。

图 6-18a 中 $Z_i = -\dfrac{Z_M^2}{Z_{22}}$，称为引入阻抗或反映阻抗，它为二次回路阻抗和互感阻抗反映到一次侧的等效阻抗。引

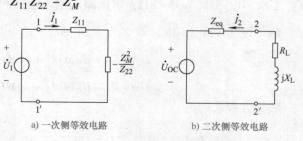

a) 一次侧等效电路　　　　b) 二次侧等效电路

图 6-18　空心变压器等效电路

入阻抗的性质与 Z_{22} 相反，即感性变为容性。图 6-18b 中 $\dot{U}_{OC} = \dfrac{Z_M \dot{U}_1}{Z_{11}}$ 为空心变压器二次侧

2-2′开路电压，$Z_{eq} = R_2 + jX_2 - \dfrac{Z_M^2}{Z_{11}}$ 为端口 2-2′的戴维南等效阻抗。

【例 6-6】 空心变压器电路中，$R_1 = R_2 = 0$，$L_1 = 5H$，$L_2 = 1.2H$，$M = 2H$，$u_1 = 100\sin10t \text{V}$，负载阻抗 $Z_L = R_L + jX_L = 3\Omega$，求一、二次电流 i_1、i_2。

解：$\dot{U}_1 = 50\sqrt{2} \angle 0° \text{V}$

$Z_{11} = R_1 + j\omega L_1 = j50\Omega$

$Z_{22} = R_2 + j\omega L_2 + R_L + jX_L = (3 + j12)\Omega$

$Z_M = j\omega M = j20\Omega$

$$\dot{I}_1 = \frac{\dot{U}_1}{Z_{11} - \dfrac{Z_M^2}{Z_{22}}} = \frac{50\sqrt{2} \angle 0°}{j50 + \dfrac{400}{3 + j12}} \text{A} = 3.5 \angle -67.2° \text{A}$$

$$\dot{I}_2 = \frac{-Z_M \dot{U}_1}{Z_{11}Z_{22} - Z_M^2} = \frac{-j20 \times 50\sqrt{2} \angle 0°}{j50 \times (3 + j12) + 400} \text{A} = 5.66 \angle 126.84° \text{A}$$

$i_1 = 3.5\sqrt{2}\sin(10t - 67.7°)\text{A}$，$i_2 = 5.66\sqrt{2}\sin(10t + 126.84°)\text{A}$

理想变压器是实际变压器的理想化模型，是对互感元件的理想科学抽象，是极限情况下的耦合电感。

理想变压器的 2 个理想化条件：

1）无损耗：线圈导线无电阻，做芯子的铁磁材料的磁导率无限大。

2）全耦合：$k = 1 \Rightarrow M = \sqrt{L_1 L_2}$。

实际变压器是有损耗的（铁心损耗、线圈电阻损耗），也不可能全耦合，即 L_1、$L_2 \neq \infty$，$k \neq 1$。除了用具有互感的电路来分析计算以外，还常用含有理想变压器的电路模型来表示。

在这里利用前面所学互感知识可以得到理想变压器一、二次侧有如下关系：

（1）变压关系 图 6-19 所示为理想变压器模型，参考方向如图所示。设变压器一次绕组加入正弦电压，根据电磁感应原理，图 6-19a 中有

$$u_1 = \frac{d\Psi_1}{dt} = N_1 \frac{d\Phi}{dt}, \quad u_2 = \frac{d\Psi_2}{dt} = N_2 \frac{d\Phi}{dt}$$

$$\frac{u_1}{u_2} = \frac{N_1}{N_2} = n$$

图 6-19b 中电流从互感异名端流入，可以分析得出

$$\frac{u_1}{u_2} = -\frac{N_1}{N_2} = -n$$

可以看出，在理想变压器中，一、二次电压的大小与一、二次绕组的匝数成正比。一次电压与二次电压之比定义为变压器的电压比。

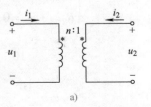
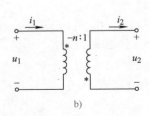

图 6-19 理想变压器模型

（2）变流关系　理想变压器既不耗能也不储能，故输入的瞬时功率等于零，即

$$u_1 i_1 + u_2 i_2 = 0$$

$$\frac{i_1}{i_2} = -\frac{u_2}{u_1} = -\frac{N_2}{N_1} = -\frac{1}{n}$$

图 6-19b 中电流从互感异名端流入，可以分析得出

$$\frac{i_1}{i_2} = \frac{1}{n}$$

可以看出理想变压器中，一、二次电流之比与绕组匝数成反比。理想变压器将能量由一次侧全部传输到二次侧输出，在传输的过程中，仅将电压、电流按比例进行数值变换。

（3）阻抗变换关系　如图 6-20 所示，根据前面分析，理想变压器电路可以等效为一个阻抗电路，这个阻抗与原负载阻抗之间的关系为

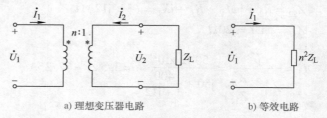

a) 理想变压器电路　　b) 等效电路

图 6-20　理想变压器电路及等效电路

$$Z_L' = \frac{\dot{U}_1}{\dot{I}_1} = \frac{n\dot{U}_2}{\dfrac{\dot{I}_2}{n}} = n^2 \frac{\dot{U}_2}{\dot{I}_2} = n^2 Z_L$$

综上可知，变压器主要应用是：

1）变换电压，获得不同等级的电压。

2）变换电流，提供不同大小的电流。

3）变换阻抗，提供不同的阻抗，使得阻抗匹配。

【例 6-7】　图 6-21 所示的理想变压器，匝数比为 1:10，已知 $u_S = 10\sin 10t\,V$，$R_1 = 1\Omega$，$R_2 = 100\Omega$。求 u_2。

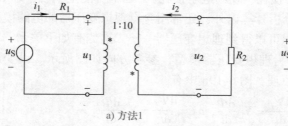

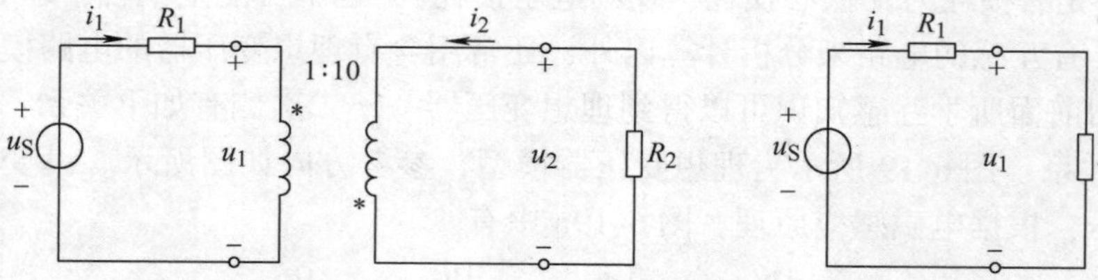

a) 方法1　　　　　　　b) 方法2

图 6-21　例 6-7 图

解：方法 1：

$$\begin{cases} R_1 i_1 + u_1 = u_S \\ R_2 i_2 + u_2 = 0 \end{cases}$$

$$\frac{u_1}{u_2} = -\frac{1}{10}$$

$$\frac{i_1}{i_2} = 10$$

则

$$u_2 = -50\sin 10t\,V$$

方法 2：

$$R_2' = \frac{u_1}{i_1} = \frac{-\frac{1}{10}u_2}{10i_2} = \frac{1}{10^2}R_2 = 1\Omega$$

$$u_1 = \frac{R_2'}{R_2' + R_1}u_S = 5\sin 10t \text{V}$$

$$u_2 = -50\sin 10t \text{V}$$

【例6-8】　图 6-22a 所示电路中，如果使 10Ω 电阻获得最大功率，试求理想变压器的电压比 n。

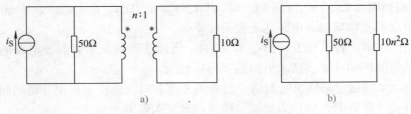

图 6-22　例 6-8 图

解：最大功率传输条件是电源内阻等于负载电阻，由图 6-22a 可知，电源内阻为 50Ω，所以通过变压器阻抗变换后电阻即为电源的负载电阻，则有

$$10n^2 = 50$$

$$n = \sqrt{5} \approx 2.236$$

本章小结

　　两个耦合在一起的线圈通过磁路上的联系构成了互感电路。当有施感电流流入其中一个线圈时，会在另一线圈上产生感应电压，这种现象称为互感，感应电压称为互感电压。在正弦交流电路中，如果线圈通过非铁磁材料耦合，互感电压可以通过相量式 $\dot{U}_M = j\omega M \dot{I}$ 进行计算（$\dot{U}_M$、$\dot{I}$ 参考方向符合同名端原则），其中 $\dot{I}$ 为施感电流。

　　为了分析、作图的方便引入同名端的概念。所谓同名端就是：互感线圈中施感电流的流入端和另一线圈上得到的互感电压的正极性端，它们之间总有一一对应关系。一般用"＊"或"·"标记同名端，除同名端外的另外两端也为同名端。同名端是客观存在的，与两线圈是否通入电流无关。多个耦合线圈的同名端标注必须两两确定。同名端的判别方法很多，在两线圈位置、绕向已知的情况下，可以根据同名端定义用右手螺旋定则来判断。实验方法有直流通断法和交流判断法（顺向串联和反向串联）。

　　互感正弦稳态电路分析常采用相量形式分析计算。电路中互感线圈的连接主要有串联和并联。电路中互感线圈串联时，有顺向串联和反向串联两种。电流从两个线圈的同名端流入（或流出）的接法，称为顺向串联，具有加强自感的效果；电流从一个线圈的同名端流入，从另一个线圈的同名端流出，这种接法称为反向串联，反向串联有削弱自感的效果。在串联时，可以将互感线圈看作由电阻和等效电感串联。电路中互感线圈并联时，有同侧并联和异

135

侧并联两种。同侧并联时，电流从两个线圈的同名端流入（或流出）；异侧并联时电流从一个线圈的同名端流入，从另一个线圈的同名端流出。重点是在给定的电流参考方向下，根据 KCL 和 KVL 列出端口的电压方程。

变压器是利用磁路来实现能量或信号传递的设备，空心变压器是通过非铁磁材料来耦合的。当空心变压器的二次侧接负载时，由于二次阻抗反映到一次侧形成引入阻抗，使一次侧的等效阻抗发生变化，对一次电流产生影响。

习　题

6.1　电路如图 6-23 所示，已知 $L_1 = 0.01\text{H}$，$L_2 = 0.03\text{H}$，$C = 10\mu\text{F}$，$M = 0.01\text{H}$，求两个线圈顺向串联和反向串联时电路的谐振角频率 ω。

6.2　图 6-23 中，若已知 $L_1 = 5\text{H}$，$L_2 = 3\text{H}$，当两线圈顺向串联时，电路的谐振频率是反向串联时谐振频率的一半，试求电路的互感系数 M。

6.3　图 6-24 在做互感同名端测试，当开关 S 闭合时，电压表正偏，请问同名端为哪两个端子？当开关 S 闭合时，电压表反偏，请问同名端为哪两个端子？

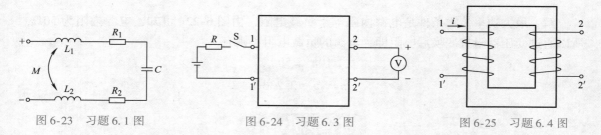

图 6-23　习题 6.1 图　　　　图 6-24　习题 6.3 图　　　　图 6-25　习题 6.4 图

6.4　如图 6-25 所示的互感线圈，请在图中标注出同名端。

6.5　如图 6-26 所示，已知 $\dot{U} = 18\angle 0°\text{V}$。求：（1）图示电路的去耦等效电路；（2）$\dot{U}_{ab}$。

6.6　习题 6.5 中如果电感顺向串联，同样已知 $\dot{U} = 18\angle 0°\text{V}$。求：（1）图示电路的去耦等效电路；（2）$\dot{U}_{ab}$。

6.7　如图 6-27 所示电路中，正弦电压 $U = 100\text{V}$，$R_1 = 6\Omega$，$\omega L_1 = 15\Omega$，$R_2 = 10\Omega$，$\omega L_2 = 25\Omega$，$\omega M = 16\Omega$，求该互感电路电流和耦合因数。

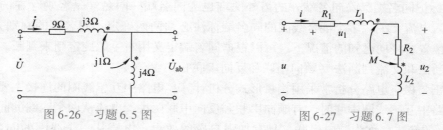

图 6-26　习题 6.5 图　　　　　图 6-27　习题 6.7 图

6.8　图 6-28a 所示为空心变压器电路，已知电路中 $U_S = 20\text{V}$，一次侧等效阻抗为 $Z_L = (10 - j10)\Omega$。求 Z_x 及负载获得的有功功率。

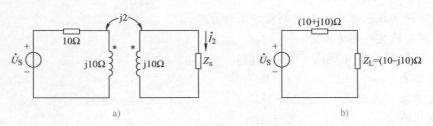

图 6-28 习题 6.8 图

6.9 图 6-29 所示电路中，如果使 10 Ω 电阻能获得最大功率，试求：理想变压器的电压比 n。如果 10 Ω 电阻变为 5Ω，电压比为多少？

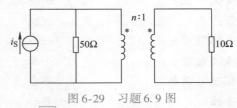

图 6-29 习题 6.9 图

电 路 仿 真

图 6-30 所示为变压器变换电压及电流测试仿真电路。选取电源为 220V、50Hz 交流电，变压器匝数比为 5:1。一、二次侧都用电压表、电流表测试数值，一、二电压比、电流比符合变压器变电压、变电流的匝数比规定。

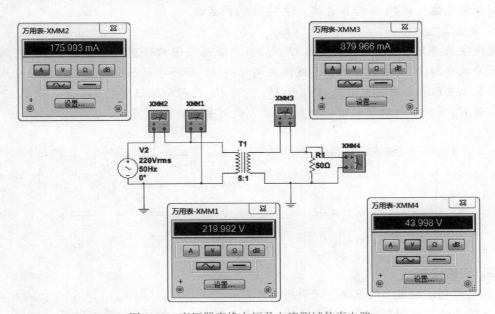

图 6-30 变压器变换电压及电流测试仿真电路

技能训练6 互感线圈的同名端判别

一、实验目标

1）理解同名端的含义。

2）理解并掌握同名端的分析判断方法和原理。

3）掌握实验室判断方法。

二、实验仪器设备（规格、型号同前）

直流电压表	一块
直流电流表（指针式）	一块
交流电压表	一块
交流电流表	一块
万用表	一块
互感线圈套件	一套
直流电源	一套
交流可调电源	一套
导线	若干

三、实验内容

实验室同名端的判断方法有：

1. 直流法

如图6-31所示，在互感线圈的1-2端加直流电压，$E = 5V$（可以根据互感线圈具体情况调整电压大小），当开关S闭合瞬间，观察电流表指针偏转情况。如果正偏，则1、3为同名端；如果反偏，则1、3为异名端，即1、4为同名端。

2. 交流法

交流法采用电压表测定，如图6-32所示，将互感线圈的任意两端（如1′、2′）连在一起（图中虚线所示），在其中的一个线圈两端（1-1′）加一个低压交流电压，另一个线圈开路，用交流电压表分别测出U_{12}、$U_{11'}$和$U_{22'}$。若U_{12}是两个绕组端电压之差，则1、2是同名端；若U_{12}是两个绕组端电压之和，则1、2′是同名端。

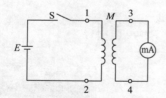

图6-31 直流法判别同名端

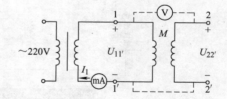

图6-32 交流法测定同名端

四、实验报告

1）总结判定同名端的方法，说明判断意义。

2）除上述几种判别同名端的方法外，是否还有别的判定方法，举例说明。

第7章 非正弦周期电路分析

学习目标

1）了解非正弦信号特点及非正弦电路的特点。
2）掌握非正弦信号的分解形式。
3）掌握非正弦电路分析的方法。
4）了解非正弦电路有效值及功率的计算。

技能要求

1）掌握非正弦信号仿真方法。
2）了解非正弦电路电压、电流及功率测试方法。

　　生产实际中的电路不都是正弦电路，经常会遇到非正弦周期电压、电流电路。在电子技术、自动控制、计算机和无线电技术等方面，电压和电流往往都是周期性的非正弦波形。本章主要介绍了非正弦周期量的产生、非正弦周期信号的分解方法，非正弦周期电流、电压的有效值和平均功率的概念以及计算方法，最后介绍了非正弦交流电路分析与计算的一般步骤和注意事项。

7.1 非正弦周期量的产生

　　前几章所讨论的交流电路中，电流和电压都是按正弦规律变化的。在电工电子技术中还经常遇到不按正弦规律变化，但按周期性变化的电流或电压，如图7-1所示，称为非正弦周期电流或电压，这样的电路称为非正弦周期电路。

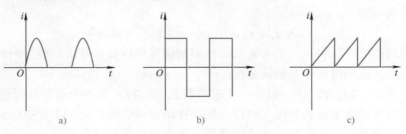

图 7-1　非正弦周期电流或电压

在电子电路中，信号源的电压大多数是非正弦的。例如，电视机、收音机接收的信号电压或电流都是非正弦波信息。

在现代自动控制系统和计算机中经常用到的脉冲电路的电压和电流是各种形状的脉冲波，它们都是非正弦波。

当电路里有不同频率的电源共同作用时，也会产生非正弦周期电流。例如，将一个频率为50Hz的正弦电压，与一个频率为100Hz的正弦电压同时加到一个电路中，在电路中产生的电流或电压都是非正弦周期电流或电压。

若电路中存在非线性元件，例如二极管、晶体管、具有铁心的电感线圈等，即使电源是正弦的，电路中也会产生非正弦的电流和电压。图7-2所示的二极管全波整流电路，加在整流电路输入端的电压是正弦的，而负载两端的电压是非正弦的。

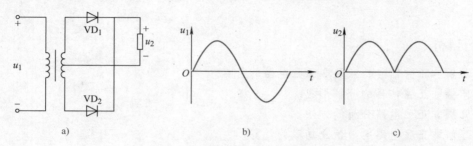

图 7-2　全波整流电路及输入输出电压波形

非正弦周期信号被广泛使用，所以学习非正弦周期信号的基本概念及基本分析方法很重要。本章讨论的是非正弦周期信号作用于线性电路中的分析和计算，主要利用傅里叶级数展开法，将非正弦周期信号分解为一系列不同频率的正弦量之和，分别计算各个不同频率正弦量作用于电路所产生的电压和电流分量，再利用线性电路的叠加原理将各分量叠加，从而得到实际电路中的电流和电压，这种方法称为谐波分析法。将非正弦信号转换成正弦信号，利用已知知识，来分析解决新问题，这种思路在今后的工作实践中会经常遇到。

7.2　非正弦周期信号的分解

非正弦周期性电压或电流有着各种不同的变化规律，如何分析这样的电路呢？先看一个简单的实验，如图7-3a所示，将两台音频信号发生器串联，将 u_1 的频率调整在100Hz，u_2 的频率调整在300Hz，然后将 A、B 两端接到示波器的 Y 轴输入端，在示波器的荧光屏上将直观显示出 u_1 和 u_2 叠加后的波形，如图7-3b所示。显然，叠加后的波形是一个非正弦周期性电压的波形。反过来，这一非正弦周期性电压可分解成两个正弦电压 u_1 与 u_2 的和，并可用函数表达表示为

$$u = u_1 + u_2 = U_{1m}\sin\omega t + U_{2m}\sin3\omega t$$

理论和实践都可以证明，一个非正弦波的周期信号可以看作是由一些不同频率的正弦波信号叠加的结果，这一过程称为谐波分析。

根据数学分析：如 $f(t) = f(t + kT)$（k 是整数），则 $f(t)$ 是一个周期性函数，T 是周期。如果周期性函数满足狄里赫利条件，则这一周期性函数可以展开成一个无穷收敛级数，即傅里叶级数。电工技术中所遇到的非正弦周期量，通常都能满足这个条件。

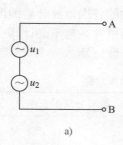

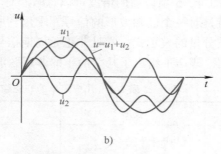

图 7-3　两个正弦波叠加

设非正弦周期量 $f(t)$ 的周期为 T，角频率为 $\omega = \dfrac{2\pi}{T}$，则 $f(t)$ 的傅里叶级数展开式为

$$f(t) = a_0 + a_1\cos\omega t + a_2\cos2\omega t + a_3\cos3\omega t + \cdots +$$
$$b_1\sin\omega t + b_2\sin2\omega t + b_3\sin3\omega t + \cdots \tag{7-1}$$
$$= a_0 + \sum_{k=1}^{\infty}(a_k\cos k\omega t + b_k\sin k\omega t)$$

由数学知识可以证明，关于原点对称的奇函数，其傅里叶级数不含直流与各余弦分量；关于纵轴对称的偶函数，其傅里叶级数不含各正弦分量；关于横轴对称的奇次谐波函数，不含直流和偶次谐波分量；偶次谐波函数，其傅里叶级数只含直流和各偶次谐波分量。

傅里叶级数还有另一种常用的表示式，即把同频率的正弦、余弦合并成一项，这种形式在电工技术中更为常见。

$$f(t) = A_0 + A_{1m}\sin(\omega t + \varphi_1) + A_{2m}\sin(2\omega t + \varphi_2) + \cdots + A_{km}\sin(k\omega t + \varphi_k)$$
$$= A_0 + \sum_{k=1}^{\infty}A_{km}\sin(k\omega t + \varphi_k) \tag{7-2}$$

式中，A_0 为零次谐波（直流分量）；$A_{1m}\sin(\omega t + \varphi_1)$ 为基波（或一次谐波，其频率与非正弦频率相同）；$A_{2m}\sin(2\omega t + \varphi_2)$ 为二次谐波（频率是基波的两倍）；$A_{km}\sin(k\omega t + \varphi_k)$ 为 k 次谐波（频率为基波的 k 倍）。

$$\begin{cases} A_0 = a_0 = \dfrac{1}{T}\int_0^T f(t)\,\mathrm{d}t \\[2mm] a_k = \dfrac{2}{T}\int_0^T f(t)\cos k\omega t\,\mathrm{d}t \\[2mm] b_k = \dfrac{2}{T}\int_0^T f(t)\sin k\omega t\,\mathrm{d}t \\[2mm] A_{km} = \sqrt{a_k^2 + b_k^2} \\[2mm] \tan\varphi_k = \dfrac{a_k}{b_k} \end{cases} \tag{7-3}$$

这些不同频率的谐波反映了周期函数的组成，但不同频率的谐波分量在其中的比重各不相同，一般来说，谐波的频率越低，所占的比重越大，谐波的频率越高，所占的比重越小。在实际应用中可以根据非正弦周期量的收敛快慢来决定所取的项数，对于收敛快的，只要取前面的 3~5 项即可，5 项以后的谐波可以忽略。对于收敛慢的，则要根据具体情况而定。

谐波分析就是对一个已知波形的信号，求出它所包含的各次谐波分量的振幅和初相，并且写出各次谐波分量的表示式。常见非正弦周期信号的傅里叶系数不必计算，可以通过查阅有关手册来获得。表 7-1 给出了几个简单的非正弦波的谐波分量。

表 7-1　几个简单的非正弦波的谐波分量

序号	名称	波形	谐波分量的表示式
1	矩形波		$f(t) = \dfrac{4A_m}{\pi}\left(\sin\omega t + \dfrac{1}{3}\sin3\omega t + \dfrac{1}{5}\sin5\omega t + \cdots\right)$
2	等腰三角形波		$f(t) = \dfrac{8A_m}{\pi^2}\left(\sin\omega t - \dfrac{1}{9}\sin3\omega t + \dfrac{1}{25}\sin5\omega t - \cdots\right)$
3	锯齿波		$f(t) = \dfrac{A_m}{2} - \dfrac{A_m}{\pi}\left(\sin\omega t + \dfrac{1}{2}\sin2\omega t + \dfrac{1}{3}\sin3\omega t + \cdots\right)$
4	正弦整流全波		$f(t) = \dfrac{4A_m}{\pi}\left(\dfrac{1}{2} + \dfrac{1}{3}\cos2\omega t - \dfrac{1}{15}\cos4\omega t + \dfrac{1}{35}\cos6\omega t - \cdots\right)$
5	正弦整流半波		$f(t) = \dfrac{2A_m}{\pi}\left(\dfrac{1}{2} + \dfrac{\pi}{4}\cos\omega t + \dfrac{1}{3}\cos2\omega t - \dfrac{1}{15}\cos4\omega t + \cdots\right)$
6	方形脉冲		$f(t) = \dfrac{\tau A_m}{T} + \dfrac{2A_m}{\pi}\left(\sin\dfrac{\tau\pi}{T}\cos\omega t + \dfrac{1}{2}\sin\dfrac{2\tau\pi}{T}\cos2\omega t + \dfrac{1}{3}\sin\dfrac{3\tau\pi}{T}\cos3\omega t + \cdots\right)$

【例 7-1】　已知一矩形波电压信号如图 7-4 所示，求此电压的傅里叶级数。

解：从波形图可以看出，该电压在一个周期内的表达式可以写为

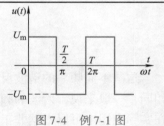

图 7-4　例 7-1 图

$$\begin{cases} u(t) = U_\mathrm{m} & 0 \leqslant t \leqslant \dfrac{T}{2} \\ u(t) = -U_\mathrm{m} & \dfrac{T}{2} \leqslant t \leqslant T \end{cases}$$

由式(7-3)得

$$a_0 = \frac{1}{T} \int_0^T u(t)\mathrm{d}t = \frac{1}{T} \int_0^{\frac{T}{2}} U_\mathrm{m}\mathrm{d}t + \frac{1}{T} \int_{\frac{T}{2}}^T - U_\mathrm{m}\mathrm{d}t = 0$$

$$a_k = \frac{2}{T} \int_0^T u(t)\cos k\omega t\mathrm{d}t$$

$$= \frac{1}{\pi} \int_0^\pi U_\mathrm{m}\cos k\omega t\mathrm{d}(\omega t) - \frac{1}{\pi} \int_\pi^{2\pi} U_\mathrm{m}\cos k\omega t\mathrm{d}\omega t$$

$$= \frac{2U_\mathrm{m}}{\pi} \int_0^\pi \cos k\omega t\mathrm{d}\omega t = 0$$

$$b_k = \frac{2}{T} \int_0^T u(t)\sin k\omega t\mathrm{d}t$$

$$= \frac{1}{\pi} \int_0^\pi U_\mathrm{m}\sin k\omega t\mathrm{d}\omega t - \frac{1}{\pi} \int_\pi^{2\pi} U_\mathrm{m}\sin k\omega t\mathrm{d}\omega t$$

$$= \frac{2U_\mathrm{m}}{\pi} \int_0^\pi \sin k\omega t\mathrm{d}\omega t = \frac{2U_\mathrm{m}}{k\pi}(1 - \cos k\pi)$$

如果 k 为偶数，$\cos k\pi = 1$，则 $b_k = 0$。

如果 k 为奇数，$\cos k\pi = -1$，则 $b_k = \dfrac{4U_\mathrm{m}}{k\pi}$。

所以

$$u(t) = \frac{4U_\mathrm{m}}{\pi}\left(\sin\omega t + \frac{1}{3}\sin 3\omega t + \frac{1}{5}\sin 5\omega t + \cdots\right)$$

7.3　非正弦周期量的有效值和平均功率分析

7.3.1　有效值

非正弦周期电流的有效值是这样规定的：如果一个非正弦周期电流流经电阻 R 时，电阻上产生的热量和一个直流电流 I 流经同一电阻 R 时，在同样的时间内所产生的热量相同，那么这个直流电流的数值 I，就称为该非正弦周期电流的有效值。

如果非正弦周期电流或电压的各个谐波的成分都已知，即设

$$i(t) = I_0 + \sqrt{2}I_1\sin(\omega t + \varphi_{i1}) + \sqrt{2}I_2\sin(2\omega t + \varphi_{i2}) + \cdots = I_0 + \sum_{k=1}^\infty \sqrt{2}I_k\sin(k\omega t + \varphi_{ik})$$

$$u(t) = U_0 + \sqrt{2}U_1\sin(\omega t + \varphi_{u1}) + \sqrt{2}U_2\sin(2\omega t + \varphi_{u2}) + \cdots = U_0 + \sum_{k=1}^\infty \sqrt{2}U_k\sin(k\omega t + \varphi_{uk})$$

式中，I_0、U_0 为直流分量；I_1、U_1、I_2、$U_2\cdots$ 为各次谐波电流和电压的有效值，则根据有效值的规定和数学知识，可以得出非正弦周期电流和电压有效值的计算公式为

$$I = \sqrt{\frac{1}{T} \int_0^T i^2(t)\mathrm{d}t} = \sqrt{I_0^2 + I_1^2 + I_2^2 + \cdots} \tag{7-4}$$

$$U = \sqrt{\frac{1}{T}\int_0^T u^2(t)\,\mathrm{d}t} = \sqrt{U_0^2 + U_1^2 + U_2^2 + \cdots} \tag{7-5}$$

即非正弦周期电流或电压的有效值等于各次谐波分量有效值的二次方和的二次方根，而与各次谐波的初相无关。

👆 小提示

尽管各次谐波的有效值与最大值之间存在 $1/\sqrt{2}$ 倍的关系，但整个非正弦量的有效值与它的峰值之间不存在这样的简单关系。

【例7-2】 计算 $u(t) = [40 + 180\sin\omega t + 60\sin(3\omega t + 45°) + 20\sin(5\omega t + 18°)]\,\mathrm{V}$ 的有效值。

解：由式(7-5) 得

$$U = \sqrt{U_0^2 + U_1^2 + U_3^2 + U_5^2}$$

$$= \sqrt{40^2 + \left(\frac{180}{\sqrt{2}}\right)^2 + \left(\frac{60}{\sqrt{2}}\right)^2 + \left(\frac{20}{\sqrt{2}}\right)^2}\,\mathrm{V}$$

$$= 141\,\mathrm{V}$$

7.3.2 平均功率

设线性二端网络输入端的电流、电压分别为

$$i(t) = I_0 + \sum_{k=1}^{\infty} I_{km}\sin(k\omega t + \varphi_{ik})$$

$$u(t) = U_0 + \sum_{k=1}^{\infty} U_{km}\sin(k\omega t + \varphi_{uk})$$

则此二端网络消耗的瞬时功率为

$$p(t) = u(t)i(t)$$

平均功率为

$$P = \frac{1}{T}\int_0^T p(t)\,\mathrm{d}t = \frac{1}{T}\int_0^T u(t)i(t)\,\mathrm{d}t$$

由数学知识可得

$$P = U_0 I_0 + U_1 I_1 \cos\varphi_1 + U_2 I_2 \cos\varphi_2 + \cdots + U_k I_k \cos\varphi_k = U_0 I_0 + \sum_{k=1}^{\infty} U_k I_k \cos\varphi_k \tag{7-6}$$

$$= P_0 + P_1 + P_2 + \cdots + P_k = P_0 + \sum_{k=1}^{\infty} P_k$$

式中，$\varphi_k = \varphi_{uk} - \varphi_{ik}$。

由此可见，非正弦周期电路的平均功率等于各次谐波的平均功率之和（直流可看作是零次谐波）。

同理可证明，无功功率为

$$Q = Q_1 + Q_2 + Q_3 + \cdots + Q_k = \sum_{k=1}^{\infty} Q_k \tag{7-7}$$

非正弦周期电路的视在功率为

$$S = UI$$

可以证明，非正弦电路视在功率并不等于各次谐波视在功率之和，而且

$$S > \sqrt{P^2 + Q^2}$$

实际上，非正弦电路的功率因数是用一个等值正弦电路功率因数来代替，即

$$\cos\varphi = \frac{P}{S} \tag{7-8}$$

而且非正弦周期电路的功率因数是没有物理意义的。

【例7-3】　加在二端网络上的电压为 $u(t) = [50 + 60\sqrt{2}\sin(\omega t + 30°) + 40\sqrt{2}\sin(2\omega t + 10°)]\,V$，产生的电流为 $i(t) = [1 + 0.5\sqrt{2}\sin(\omega t - 20°) + 0.3\sqrt{2}\sin(2\omega t + 50°)]\,A$，求：（1）此网络吸收的功率；（2）此网络的功率因数。

解：（1）由式(7-6) 得

$$\begin{aligned}
P &= U_0 I_0 + U_1 I_1 \cos\varphi_1 + U_2 I_2 \cos\varphi_2 \\
&= [50 \times 1 + 60 \times 0.5\cos(30° + 20°) + 40 \times 0.3\cos(10° - 50°)]\,W \\
&\approx 78.5\,W
\end{aligned}$$

（2）由式(7-4) 得

$$\begin{aligned}
I &= \sqrt{I_0^2 + I_1^2 + I_2^2} \\
&= \sqrt{1^2 + 0.5^2 + 0.3^2}\,A \\
&\approx 1.16\,A
\end{aligned}$$

由式(7-5) 得

$$\begin{aligned}
U &= \sqrt{U_0^2 + U_1^2 + U_2^2} \\
&= \sqrt{50^2 + 60^2 + 40^2}\,V \\
&\approx 87.7\,V
\end{aligned}$$

$$S = UI = 87.7 \times 1.16\,V \cdot A = 101.732\,V \cdot A$$

$$\cos\varphi = \frac{P}{S} = \frac{78.5}{101.7} \approx 0.77$$

7.4　非正弦交流电路的分析与计算

前面指出，当加在线性电路上的电压为非正弦周期函数时，可以将非正弦周期电压分解为傅里叶级数，应用叠加定理，分别使每一次谐波电压单独作用，计算出该次谐波的电流，然后叠加求出各次谐波电压共同作用时的电路电流，这就是谐波分析法。其计算步骤与注意事项如下：

1）将已知非正弦周期电压或电流按傅里叶级数分解为直流和各次谐波频率的正弦量。

2）分别计算直流分量和各次谐波分量作用下电路的电阻 R 与阻抗 Z_k。

① 一般认为电阻 R 与频率无关。

② 线性电感的感抗 $X_{Lk} = k\omega L$；$X_{Ck} = 1/k\omega C$；对于直流，电感相当于短路，电容相当于

开路。

3）应用相量法，根据各次谐波电压（电流）相量、阻抗，分别计算出各次谐波的电流（电压）相量。

4）将各次谐波的电流（电压）相量表示为瞬时值解析式，再进行叠加，求出非正弦电流（电压）瞬时值解析式。

 小提示

同频率的正弦量才能用相量加法，可在同一相量图上画出，不同频率的相量不能相加，也不能画在同一相量图上，必须用瞬时值叠加。

【例7-4】 如图7-5a所示电路，$R = 100\Omega$，$L = 1H$，若外加频率为50Hz的矩形脉冲波，峰值为100V，脉冲持续时间为$T/2$，如图7-5b所示。求电阻两端的电压u_R和电路消耗的功率。

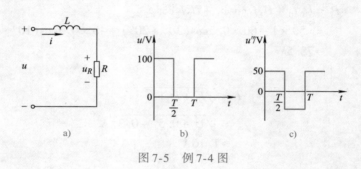

图7-5 例7-4图

解：原电压波形可以认为是$U_0 = 50V$与一峰值为50V的方波u''叠加，如图7-5c所示。根据表7-1，方波展开为傅里叶级数，即

$$u'' = \frac{4 \times 50}{\pi}(\sin\omega t + \frac{1}{3}\sin3\omega t + \frac{1}{5}\sin5\omega t + \cdots)V$$

$$= (63.7\sin\omega t + 21.2\sin3\omega t + 12.7\sin5\omega t + \cdots)V$$

$$u = U_0 + u''$$

$$= (50 + 63.7\sin\omega t + 21.2\sin3\omega t + 12.7\sin5\omega t + \cdots)V$$

（1）U_0单独作用时，电感相当于短路，则

$$I_0 = \frac{U_0}{R} = \frac{50}{100}A = 0.5A \qquad P_0 = U_0I_0 = 50 \times 0.5W = 25W$$

（2）u_1单独作用时

$$Z_1 = R + j\omega L = (100 + j314)\Omega = 330\angle72.3°\Omega$$

$$\dot{U}_1 = \frac{63.7}{\sqrt{2}}\angle0°V = 45\angle0°V$$

$$\dot{I}_1 = \frac{\dot{U}_1}{Z_1} = \frac{45\angle0°}{330\angle72.3°}A = 0.136\angle-72.3°A$$

$$i_1 = 0.136\sqrt{2}\sin(\omega t - 72.3°)A$$

$$P_1 = U_1 I_1 \cos\varphi_1 = 45 \times 0.136\cos72.3°\text{W} = 1.87\text{W}$$

（3）u_3 单独作用时

$$Z_3 = R + j3\omega L = (100 + j942)\Omega = 947\angle 83.9°\Omega$$

$$\dot{U}_3 = \frac{21.2}{\sqrt{2}}\angle 0°\text{V} = 15\angle 0°\text{V}$$

$$\dot{I}_3 = \frac{\dot{U}_3}{Z_3} = \frac{15\angle 0°}{947\angle 83.9°}\text{A} = 0.0158\angle -83.9°\text{A}$$

$$i_3 = 0.0158\sqrt{2}\sin(3\omega t - 83.9°)\text{A}$$

$$P_3 = U_3 I_3 \cos\varphi_3 = 15 \times 0.0158\cos83.9°\text{W} = 0.025\text{W}$$

（4）u_5 单独作用时

$$Z_5 = R + j5\omega L = (100 + j1570)\Omega = 1573\angle 86.4°\Omega$$

由于 U_5 只有 U_1 的 $1/5$，Z_5 约为 Z_1 的 5 倍，则 I_5 约为 I_1 的 $1/25$，可以忽略不计，即电压只截取到三次谐波已够使用。

由此可得 $i = I_0 + i_1 + i_3$

$$= [0.5 + 0.136\sqrt{2}\sin(\omega t - 72.3°) + 0.0158\sqrt{2}\sin(3\omega t - 83.9°)]\text{A}$$

$$u_R = Ri = R(I_0 + i_1 + i_3)$$

$$= [50 + 13.6\sqrt{2}\sin(\omega t - 72.3°) + 1.58\sqrt{2}\sin(3\omega t - 83.9°)]\text{V}$$

$$P = P_0 + P_1 + P_3$$

$$= (25 + 1.87 + 0.025)\text{W} = 26.9\text{W}$$

【例7-5】 RLC 并联电路如图 7-6 所示，$R = 100\Omega$，$L = 0.159\text{H}$，$C = 40\mu\text{F}$，端电压 $u = u_1 + u_3 = (45\sin\omega t + 15\sin3\omega t)\text{V}$，$\omega = 314\text{rad/s}$，求各个元件中的电流。

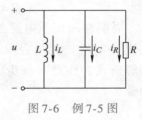

图 7-6 例 7-5 图

解：（1）对于电阻支路

$$\dot{I}_{Rm1} = \frac{\dot{U}_{m1}}{R} = \frac{45\angle 0°}{100}\text{A} = 0.45\angle 0°\text{A}$$

$$i_{R1} = 0.45\sin\omega t\text{A}$$

$$\dot{I}_{Rm3} = \frac{\dot{U}_{m3}}{R} = \frac{15\angle 0°}{100}\text{A} = 0.15\angle 0°\text{A}$$

$$i_{R3} = 0.15\sin3\omega t\text{A}$$

$$i_R = i_{R1} + i_{R3} = (0.45\sin\omega t + 0.15\sin3\omega t)\text{A}$$

（2）对于电感支路

$$Z_{L1} = j\omega L = j314 \times 0.159\Omega = j50\Omega$$

$$\dot{I}_{Lm1} = \frac{\dot{U}_{m1}}{Z_1} = \frac{45\angle 0°}{j50}\text{A} = 0.9\angle -90°\text{A}$$

$$Z_{L3} = j3\omega L = j3 \times 314 \times 0.159\Omega = j150\Omega$$

$$\dot{I}_{Lm3} = \frac{\dot{U}_{m3}}{Z_3} = \frac{15\angle 0°}{j150}\text{A} = 0.1\angle -90°\text{A}$$

$$i_L = i_{L1} + i_{L3} = \left[0.9\sin(\omega t - 90°) + 0.1\sin(3\omega t - 90°) \right] A$$

（3）对于电容支路

$$\dot{I}_{Cm1} = j\omega C \dot{U}_{m1} = j314 \times 40 \times 10^{-6} \times 45\angle 0°A = 0.565\angle 90°A$$

$$\dot{I}_{Cm3} = j3\omega C \dot{U}_{m3} = j3 \times 314 \times 40 \times 10^{-6} \times 15\angle 0°A = 0.565\angle 90°A$$

所以可得

$$i_C = i_{C1} + i_{C3} = \left[0.565\sin(\omega t + 90°) + 0.565\sin(3\omega t + 90°) \right] A$$

本章小结

不按正弦规律变化的电流、电压、电动势，统称为非正弦交流电。使用非正弦交流电源，电路中有不同频率的电源共同作用或存在非线性元件都能产生非正弦信号。

一个非正弦波，可以分解为其多次谐波的代数和形式，即

$$i = I_0 + \sqrt{2}I_1\sin(\omega t + \varphi_{01}) + \sqrt{2}I_2\sin(2\omega t + \varphi_{02}) + \cdots$$

$$u = U_0 + \sqrt{2}U_1\sin(\omega t + \varphi_{01}) + \sqrt{2}U_2\sin(2\omega t + \varphi_{02}) + \cdots$$

非正弦周期量的有效值为

$$I = \sqrt{I_0^2 + I_1^2 + I_2^2 + \cdots}$$

$$U = \sqrt{U_0^2 + U_1^2 + U_2^2 + \cdots}$$

非正弦周期量的平均功率为多次谐波平均功率之和，即

$$P = U_0 I_0 + U_1 I_1 \cos\varphi_1 + U_2 I_2 \cos\varphi_2 + U_3 I_3 \cos\varphi_3 + \cdots$$

周期性非正弦电路的计算步骤一般为：①分解；②分别单独作用；③将各次谐波的电流（电压）相量表示为瞬时值解析式，再进行叠加，求出非正弦电流（电压）瞬时值解析式。注意：将步骤②所得的结果按瞬时叠加，而不能将不同频率的各次谐波分量叠加。

习题

7.1 电路中产生非正弦波的原因是什么？举例说明。

7.2 非正弦周期量的有效值和平均值如何计算？

7.3 欲测一周期性非正弦量的有效值，应用＿＿＿＿＿＿仪表。

A. 电磁系   B. 整流系   C. 磁电系

7.4 在图 7-7 所示的电路中，已知 $u_S = \sqrt{2}\cos 100t\,V$，$i_S = \left[3 + 4\sqrt{2}\cos(100t - 60°)\right] A$，则 u_S 发出的平均功率为＿＿＿＿＿＿ W。

A. 2   B. 4   C. 5

7.5 在图 7-8 所示电路中，已知 $u_{S1} = (12 + 5\sqrt{2}\cos\omega t)\,V$，$u_{S2} = 5\sqrt{2}\cos(\omega t + 240°)\,V$。设电压表指示有效值，则电压表的读数为＿＿＿＿＿＿ V。

A. 12   B. 13   C. 13.93

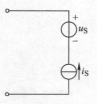

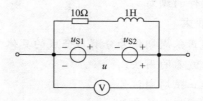

图7-7 习题7.4图　　　　　　　　　　　图7-8 习题7.5图

7.6 已知非正弦周期电压 $u = [100 + 50\sqrt{2}\sin(5\omega t + 45°) + 10\sqrt{2}\sin(3\omega t + 30°)]$ V，求该电压的有效值。

7.7 已知某线性二端网络在关联参考方向下的电压、电流为

$$u = (100 + 50\sin\omega t + 30\sin2\omega t + 10\sin3\omega t) \text{ V}$$
$$i = [10\sin(\omega t - 60°) + 2\sin(3\omega t - 135°)] \text{ A}$$

求：（1）电压、电流的有效值；（2）该网络的平均功率。

7.8 流过电阻 $R = 10\Omega$ 的电流为 $i = (5 + 14.1\sin\omega t + 7.07\sin2\omega t)$ A，求电阻两端的电压 U、u 及电阻上的功率。

7.9 在某 RC 并联电路中，已知电压 $u = (60 + 40\sqrt{2}\sin1000t)$ V，$R = 30\Omega$，$C = 100\mu\text{F}$，求电路中的总电流以及电路的平均功率。

7.10 电路如图7-9所示，$R = 20\Omega$，$C = 100\mu\text{F}$，u_1 中直流分量为250V，基波的有效值为100V，基波角频率为100rad/s，求电压的有效值 U_2 及电流的有效值 I。

7.11 如图7-10所示，$R = 6\Omega$，$\omega L = 2\Omega$，$\frac{1}{\omega C} = 10\Omega$，电源电压 $u = [20 + 8\sqrt{2}\sin(\omega t + 30°)]$ V，求：（1）电流 i 及电流的有效值；（2）电感电压 u_L；（3）电源的平均功率。

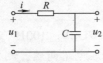

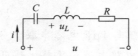

图7-9 习题7.10图　　　　　　　　图7-10 习题7.11图

7.12 若 RC 串联电路中的电流 $i = (2\sin314t + \sin942t)$ A，总电压的有效值为155V，且总电压中不含直流分量，电路消耗的功率为120W，求：（1）电流的有效值；（2）R 和 C 的值。

7.13 一个 RLC 串联电路，$R = 10\Omega$，$L = 0.1\text{H}$，$C = 500\mu\text{F}$，若外加一非正弦交流电压为 $u = (22 + 282.4\sin100t - 70.8\sin200t)$ V，求电路中的电流 $i(t)$ 和该电路消耗的功率。

技能训练7　非正弦周期电路信号仿真

一、训练目标

1）掌握非正弦周期信号的频波分析法。

2）通过实验观察非正弦周期信号。

3）测试非正弦电路电压、电流有效值。

4）作业文件的编写。

二、训练要求

1）掌握非正弦周期信号分解与合成的具体步骤。

2）掌握示波器的用法。

3）观察非正弦周期信号。

4）调试并测试相关参数。

5）编写作业文件。

三、仿真电路

1）由 10V、50Hz 及 8V、100Hz 正弦波信号源分别同时加在 1kΩ 电阻上，用示波器观察波形，如图 7-11 所示。

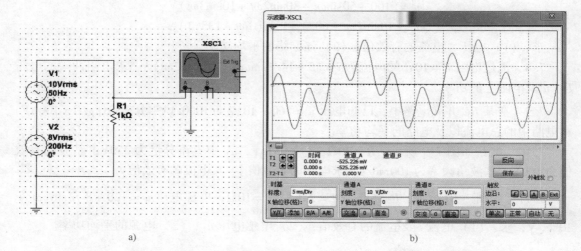

a)   b)

图 7-11　电路仿真

2）将 1kΩ 电阻与 1μF 电容串联，分别接 10V、50Hz 及 8V、100Hz 正弦波信号源，测出电容两端电压及电路电流；再将上述两种信号源同时加在电路两端，测出电容两端电压及电流。

四、训练结果

1）设计相关数据测试表格。

2）分析数据测试结果。

3）编写训练作业文件。

附　　录

附录 A　Multisim 10.0 介绍

A.1　Multisim 10.0 系统简介

Multisim 10.0 是美国国家仪器公司（National Instruments，NI）推出的 Multisim 最新版本。目前 NI 公司的 EWB 包含有电路仿真设计的模块 Multisim、PCB 设计软件 Ultiboard、布线引擎 Ultiroute 及通信电路分析与设计模块 Commsim 4 个部分，能完成从电路的仿真设计到电路版图生成的全过程。这 4 个部分相互独立，可以分别使用。它们有增强专业版（Power Professional）、专业版（Professional）、个人版（Personal）、教育版（Education）、学生版（Student）和演示版（Demo）等多个版本，各版本的功能和价格有着明显的差异。

Multisim 10.0 的特点如下：

第一，Multisim 10.0 的元器件库有着丰富的元器件。

第二，Multisim 10.0 虚拟仪器仪表种类齐全。

第三，Multisim 10.0 具有强大的电路分析能力，有时域和频域分析、离散傅里叶分析、电路零极点分析、交直流灵敏度分析等电路分析方法。

第四，Multisim 10.0 提供丰富的 Help 功能。

A.2　multisim 10.0 的基本界面

1. Multisim 的主窗口

启动 Multisim 10.0，出现如图 A-1 所示界面。

Multisim 10.0 打开后的界面如图 A-2 所示，主要由菜单栏、工具栏、缩放栏、设计栏、仿真栏、工程栏、元器件栏、仪器栏和电路图编辑窗口等部分组成。

2. Multisim 10.0 常用元器件库分类

Multisim 10.0 提供了丰富的元器件库，元器件库栏图标和名称如图 A-3 所示。用鼠标左键单击元器件库栏的某一个图标即可打开该元器件库。这些元器件的功能和使用方法可使用在线帮助功能查阅。

1）单击"放置信号源"按钮，弹出对话框中的"系列"栏如图 A-4 所示。

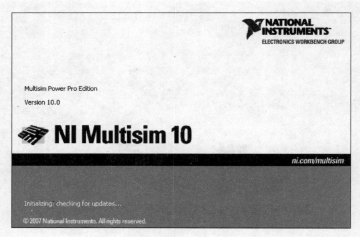

图 A-1 Multisim 10.0 启动界面

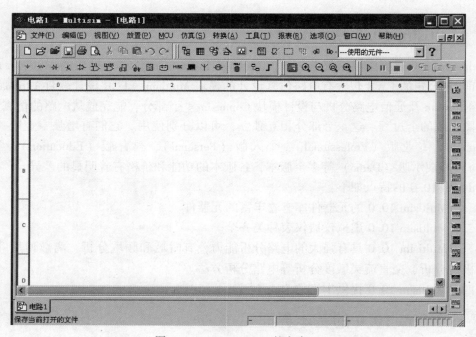

图 A-2 Multisim 10.0 的主窗口

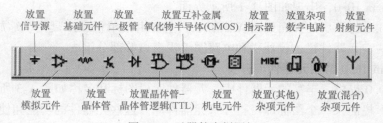

图 A-3 元器件库栏图标

2）单击“放置模拟元件”按钮，弹出对话框中“系列”栏如图 A-5 所示。

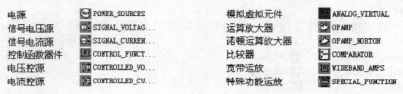

电源	POWER_SOURCES
信号电压源	SIGNAL_VOLTAG...
信号电流源	SIGNAL_CURREN...
控制函数器件	CONTROL_FUNCT...
电压控源	CONTROLLED_VO...
电流控源	CONTROLLED_CU...

图 A-4 信号源类型

模拟虚拟元件	ANALOG_VIRTUAL
运算放大器	OPAMP
诺顿运算放大器	OPAMP_NORTON
比较器	COMPARATOR
宽带运放	WIDEBAND_AMPS
特殊功能运放	SPECIAL_FUNCTION

图 A-5 模拟元件类型

3）单击“放置基础元件”按钮，弹出对话框中“系列”栏如图 A-6 所示。

4）单击“放置晶体管”按钮，弹出对话框的“系列”栏如图 A-7 所示。

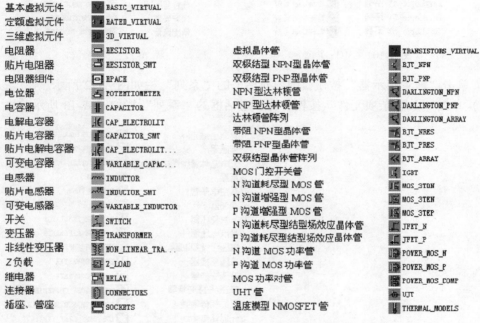

基本虚拟元件	BASIC_VIRTUAL
定额虚拟元件	RATED_VIRTUAL
三维虚拟元件	3D_VIRTUAL
电阻器	RESISTOR
贴片电阻器	RESISTOR_SMT
电阻器组件	RPACK
电位器	POTENTIOMETER
电容器	CAPACITOR
电解电容器	CAP_ELECTROLIT
贴片电容器	CAPACITOR_SMT
贴片电解电容器	CAP_ELECTROLIT...
可变电容器	VARIABLE_CAPAC...
电感器	INDUCTOR
贴片电感器	INDUCTOR_SMT
可变电感器	VARIABLE_INDUCTOR
开关	SWITCH
变压器	TRANSFORMER
非线性变压器	NON_LINEAR_TRA...
Z负载	Z_LOAD
继电器	RELAY
连接器	CONNECTORS
插座、管座	SOCKETS

图 A-6 基础元件类型

虚拟晶体管	TRANSISTORS_VIRTUAL
双极结型 NPN型晶体管	BJT_NPN
双极结型 PNP型晶体管	BJT_PNP
NPN 型达林顿管	DARLINGTON_NPN
PNP 型达林顿管	DARLINGTON_PNP
达林顿管阵列	DARLINGTON_ARRAY
带阻 NPN型晶体管	BJT_NRES
带阻 PNP型晶体管	BJT_PRES
双极结型晶体管阵列	BJT_ARRAY
MOS门控开关管	IGBT
N 沟道耗尽型 MOS 管	MOS_3TDN
N 沟道增强型 MOS 管	MOS_3TEN
P 沟道增强型 MOS 管	MOS_3TEP
N 沟道耗尽型结型场效应晶体管	JFET_N
P 沟道耗尽型结型场效应晶体管	JFET_P
N 沟道 MOS 功率管	POWER_MOS_N
P 沟道 MOS 功率管	POWER_MOS_P
MOS 功率对管	POWER_MOS_COMP
UHT 管	UJT
温度模型 NMOSFET 管	THERMAL_MODELS

图 A-7 晶体管类型

5）单击“放置二极管”按钮，弹出对话框的“系列”栏如图 A-8 所示。

6）单击“放置晶体管－晶体管逻辑（TTL）”按钮，弹出对话框的“系列”栏如图 A-9 所示。

虚拟二极管	DIODES_VIRTUAL
二极管	DIODE
齐纳二极管	ZENER
发光二极管	LED
二极管整流桥	FWB
肖特基二极管	SCHOTTKY_DIODE
单向闸流晶体管	SCR
双向二极管开关	DIAC
双向闸流晶体管	TRIAC
变容二极管	VARACTOR
PIN 结二极管	PIN_DIODE

图 A-8 二极管类型

74STD 系列	74STD
74S 系列	74S
74LS 系列	74LS
74F 系列	74F
74ALS 系列	74ALS
74AS 系列	74AS

图 A-9 TTL 类型

7）单击"放置互补金属氧化物半导体（CMOS）"按钮，弹出对话框的"系列"栏如图 A-10 所示。

8）单击"放置机电元件"按钮，弹出对话框的"系列"栏如图 A-11 所示。

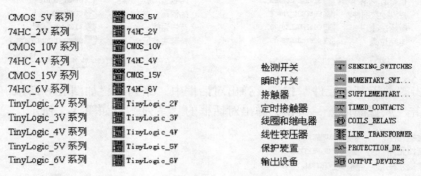

图 A-10　CMOS 类型　　　　　　　　图 A-11　机电元件

9）单击"放置指示器"按钮，弹出对话框的"系列"栏如图 A-12 所示。

10）单击"放置杂项元件"按钮，弹出对话框的"系列"栏如图 A-13 所示。

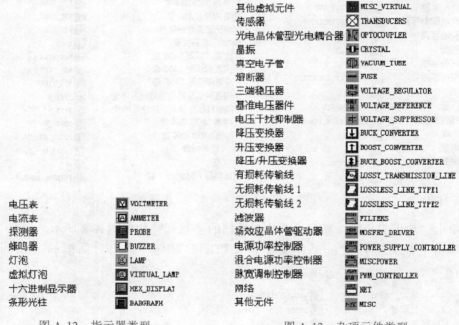

图 A-12　指示器类型　　　　　　　　图 A-13　杂项元件类型

11）单击"放置杂项数字电路"按钮，弹出对话框的"系列"栏如图 A-14 所示。

12）单击"放置混合杂项元件"按钮，弹出对话框的"系列"栏如图 A-15 所示。

13）单击"放置射频元件"按钮，弹出对话框的"系列"栏如图 A-16 所示。

Multisim 10.0 的元器件库及元器件的几点说明：

1）关于虚拟元器件，这里指的是现实中不存在的元器件，也可以理解为元器件参数可以任意修改和设置的元器件。比如 1.034Ω 电阻、2.3μF 电容等不规范的特殊元器件，就可以选择虚拟元器件通过设置参数得到；但仿真电路中的虚拟元器件不能链接到制版软件 Ultiboard 10.0 的 PCB 文件中进行制版，这一点不同于其他元器件。

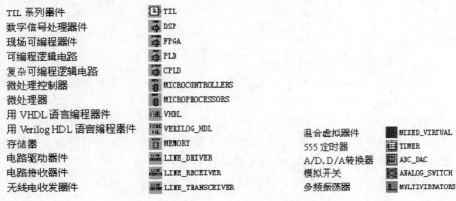

图 A-14 杂项数字电路类型

图 A-15 混合杂项元件类型

2）与虚拟元器件相对应，把现实中可以找到的元器件称为真实元器件或称现实元器件。比如电阻的"元件"栏中就列出了 $1\Omega \sim 22M\Omega$ 的全系列现实中可以找到的电阻。现实电阻只能调用，但不能修改它们的参数（极个别可以修改，如晶体管的 β 值）。凡仿真电路中的真实元器件都可以自动链接到 Ultiboard 10.0 中进行制版。

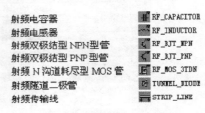

图 A-16 射频元件类型

3）电源虽列在现实元器件栏中，但它属于虚拟元器件，可以任意修改和设置它的参数；电源和地线也都不会进入 Ultiboard 10.0 的 PCB 界面进行制版。

4）额定元器件是指它们允许通过的电流、电压、功率等的最大值都是有限制的，超过它们的额定值，该元器件将被击穿和烧毁。其他元器件都是理想元器件，没有定额限制。

3. Multisim 界面菜单栏、工具栏介绍

软件以图形界面为主，采用菜单栏、工具栏和热键相结合的方式，具有一般 Windows 系统应用软件的界面风格，用户可以根据自己的习惯使用。菜单栏和工具栏如图 A-17 所示。

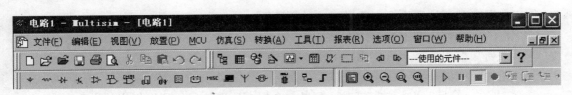

图 A-17 Multisim 界面菜单栏和工具栏

菜单栏位于界面的上方，通过菜单可以对 Multisim 的所有功能进行操作。

菜单栏中有一些与大多数 Windows 系统的应用软件一致的功能选项，如文件、编辑、视图、窗口、帮助。此外，还有一些 Multisim 软件专用的选项，如放置、仿真、工具及报表等，在此不一一介绍。

4. 文件的创建

1）打开 Multisim 10.0 设计环境。选择"文件"→"新建"→"原理图"，即弹出一个新的电路图编辑窗口，工程栏同时出现一个新的名称。单击"保存"，将该文件命名，保存到指定文件夹下。

需要说明的是：

① 文件的名字要能体现电路的功能。

② 在电路图的编辑和仿真过程中，要养成随时保存文件的习惯，以免没有及时保存而导致文件丢失或损坏。

③ 文件最好用一个专门的文件夹来保存，以便管理。

2）在绘制电路图之前，需要先熟悉元器件栏和仪器栏的内容，当把鼠标放到元器件栏和仪器栏相应的位置时，系统会自动弹出元器件或仪表的类型。

3）放置电源。单击元器件栏的"放置信号源"选项，出现如图 A-18 所示的对话框。

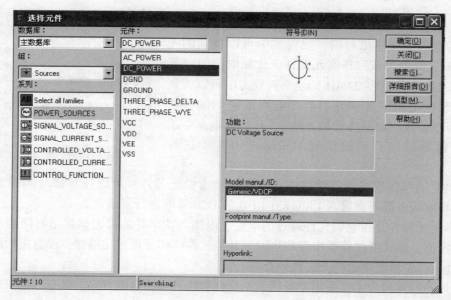

图 A-18　信号源选项对话框

① "数据库"下拉列表框中选择"主数据库"。

② "组"下拉列表框中选择"Sources"。

③ "系列"框中选择"POWER_SOURCES"。

④ "元件"框中选择"DC_POWER"。

⑤ 右边的"符号""功能"等对话框里，会根据所选项目，列出相应的说明。

4）选择好电源符号后，单击"确定"按钮，移动光标到电路编辑窗口，选择放置位置后，单击鼠标左键即可将电源符号放置于电路编辑窗口中，放置完成后，还会弹出元器件选择对话框，可以继续放置，单击关闭按钮可以取消放置。

5）如果放置的电源符号显示的是 12V，若不需要 12V 的电源，双击该电源符号，出现如图 A-19 所示的电源参数选项对话框，在该对话框里，可以更改该元器件的属性，在这里将电压改为 3V。

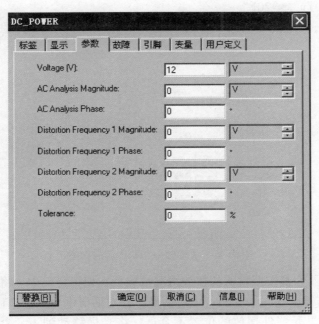

图 A-19　电源参数选项对话框

6）接下来放置电阻。单击"放置元件"，弹出如图 A-20 所示对话框。

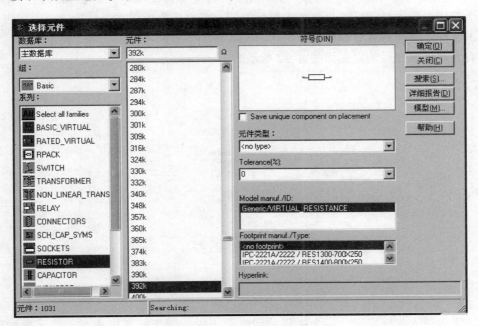

图 A-20　电阻选项对话框

①"数据库"下拉列表框中选择"主数据库"。

②"组"下拉列表框中选择"Basic"。

③"系列"框中选择"RESISTOR"。

④ "元件" 框中选择 "20k"。

7) 按上述方法，再放置一个 $10k\Omega$ 的电阻和一个 $100k\Omega$ 的可调电阻。放置完毕后的界面如图 A-21 所示。

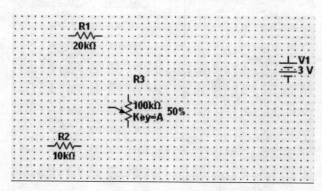

图 A-21 放置部分元器件后的界面

8) 放置后的元器件都按照默认的摆放情况被放置在编辑窗口中。将光标移动到电阻 R1 上，然后单击鼠标右键，这时会弹出一个对话框，在对话框中可以选择让元器件顺时针或者逆时针旋转90°。如果元器件摆放的位置不合适，将光标移动到该元器件上，按住鼠标左键，即可拖动元器件到合适位置。

9) 放置电压表。在仪器栏选择 "万用表"，将光标移动到电路编辑窗口内，光标上跟随着一个万用表的简易图形符号。单击鼠标左键，将电压表放置在合适位置。电压表的属性可以双击鼠标左键进行查看和修改。

所有元器件放好后的界面如图 A-22 所示。

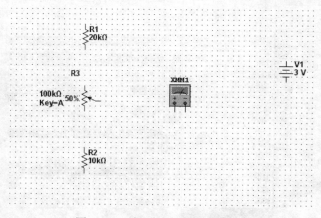

图 A-22 放置好元器件后的界面

10) 下面进入连线步骤。将光标移动到电源正极，当光标变成◆时，表示导线已经和正极连接，单击鼠标左键将该连接点固定，然后移动光标到电阻 R1 的一端，出现小红点后，表示正确连接到 R1，单击鼠标左键固定，这样一根导线就连接好了。如果想要删除这根导线，将光标移动到该导线的任意位置，单击鼠标右键，选择 "删除" 即可将该导线删除，或者选中导线，直接按 〈delete〉 键删除。

11）按照第 3）步的方法，放置一个公共地线，然后将各导线连接好，如图 A-23 所示。

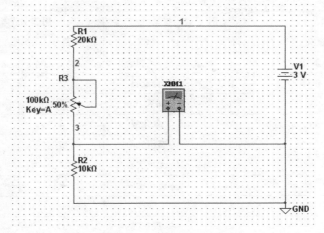

图 A-23　连线后的电路图

注意：在电路图的绘制中，公共地线是必需的。

12）电路连接完毕并检查无误后，即可以进行仿真。单击仿真栏中的绿色"开始"按钮▶，电路进入仿真状态。双击图中的万用表符号，即可弹出如图 A-24 所示的对话框，在这里显示了电阻 R2 两端的电压。对于显示的电压值是否正确，可以进行验算。根据电路图可知，R2 两端的电压值应等于 V1 × R2/（R1 + R2 + R3），则计算结果为｛（3 × 10 × 1000）/[（10 + 20 + 50）× 1000]｝V = 0.375V，经验证电压表显示的电压值正确。从图 A-23 中可以看出，R3 是一个 100kΩ 的可调电阻，其调节百分比为 50%，则在这个电路中，R3 的阻值为 50kΩ。

图 A-24　仿真运行界面

13）关闭仿真，改变 R2 的阻值，再次观察 R2 两端的电压值，会发现随着 R2 阻值的变化，其两端的电压值也随之变化。注意：一定要及时保存文件。

附录 B　电阻元件

1. 命名

电阻器与电位器的型号由 4 个部分组成，如图 B-1 所示。电阻器与电位器型号的命名含义见表 B-1。

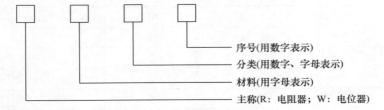

序号(用数字表示)

分类(用数字、字母表示)

材料(用字母表示)

主称(R：电阻器；W：电位器)

图 B-1　电阻器与电位器型号命名

表 B-1　电阻器与电位器型号的命名含义

第一部分		第二部分		第三部分	
用字母表示主称		用字母表示材料		用数字或者字母表示分类	
符号	意义	符号	意义	符号	意义
R	电阻器	T	碳膜	1	普通
W	电位器	H	合成膜	2	普通
		J	金属膜（箔）	3	超高频
		Y	氧化膜	4	高阻
		S	有机实心	5	高温
		N	无机实心	7	精密
		I	玻璃釉膜	8	高压
		X	线绕	9	特殊
		C	沉积膜	G	高功率
		G	光敏	T	可调
				X	小型
				L	测量用
				W	微调
				D	多圈

例如，RJ71 表示精密金属膜电阻器，WSW1 表示微调有机实心电位器。

2. 色标法

色标法是用不同颜色的色环在电阻器表面标出阻值和误差，一般分为以下两种标法：

（1）两位有效数字的色标法　普通电阻器用 4 条色环就能表示电阻的参数。从左到右观察色环的颜色，第一、第二色环表示阻值，第三色环表示倍率，第四色环表示允许误差。

（2）三位有效数字的色标法　此方法一般用于精密仪器，表示方法与意义和两位相同，不同之处为前三位表示阻值，如图 B-2 所示，各颜色含义见表 B-2。

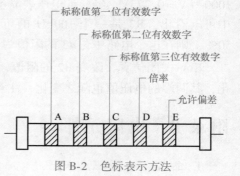

图 B-2　色标表示方法

表 B-2　色标法各颜色含义

颜色	第一位有效数字	第二位有效数字	第三位有效数字	倍率	允许偏差
黑	0	0	0	10^0	
棕	1	1	1	10^1	±1%
红	2	2	2	10^2	±2%
橙	3	3	3	10^3	
黄	4	4	4	10^4	
绿	5	5	5	10^5	±0.5%

（续）

颜色	第一位有效数字	第二位有效数字	第三位有效数字	倍率	允许偏差
蓝	6	6	6	10^6	±0.25%
紫	7	7	7	10^7	±0.1%
灰	8	8	8	10^8	
白	9	9	9	10^9	
金				10^{-1}	
银				10^{-2}	

附录 C　电容器

1. 电容器的命名

电容器的型号一般由 4 个部分组成，如图 C-1 所示。

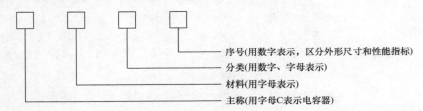

序号(用数字表示，区分外形尺寸和性能指标)

分类(用数字、字母表示)

材料(用字母表示)

主称(用字母C表示电容器)

图 C-1　电容器型号命名

2. 电容器的识别

电容器的识别方法主要有以下 3 种：

（1）直标法　直标法是指在电容器的表面直接用数字或者字母标出标称容量、额定电压以及允许偏差等主要参数，如图 C-2 所示。

（2）文字符号法　使用文字符号法，容量的整数部分写在容量单位符号的前面，容量的小数部分写在容量单位符号的后面，单位没有写出时，默认为 pF。允许偏差用文字符号表示：D（±0.5%）、F（±1%）、G（±2%）、J（±5%）、K（±10%）、M（±20%）。如图 C-3 所示，3n9J 表示容量为 3.9nF = 3900pF，允许偏差为 5%。

（3）数码法　数码法一般用 3 位数字表示电容量的大小，单位为 pF，其中第一、二位为有效数字，第三位表示倍率。如图 C-4 所示，682J 表示容量为 $68 \times 10^2 pF = 6800pF$，允许偏差为 5%。

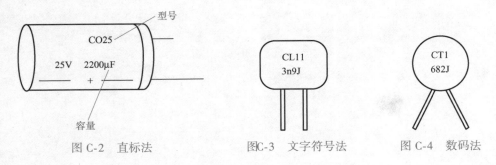

图 C-2　直标法　　　　图C-3　文字符号法　　　　图 C-4　数码法

参 考 文 献

［1］ 左全生. 电路分析教程［M］. 2 版. 北京：电子工业出版社，2010.
［2］ 李瀚荪，电路分析基础：上册［M］. 北京：高等教育出版社，2017.
［3］ 李瀚荪，电路分析基础：下册［M］. 北京：高等教育出版社，2017.
［4］ 刘陈，周井泉，于舒娟. 电路分析基础［M］. 5 版. 北京：人民邮电出版社，2017.